儿科专家李瑛给父母的

四季健康育儿全书

李瑛◎著

北京出版集团
北 京 出 版 社

图书在版编目（CIP）数据

儿科专家李瑛给父母的四季健康育儿全书 / 李瑛著
. — 北京 : 北京出版社，2021.2
ISBN 978-7-200-16338-4

Ⅰ. ①儿… Ⅱ. ①李… Ⅲ. ①婴幼儿 — 哺育 — 基本知识 Ⅳ. ① TS976.31

中国版本图书馆CIP数据核字（2021）第033770号

儿科专家李瑛给父母的四季健康育儿全书

ERKE ZHUANJIA LI YING GEI FUMU DE SIJI JIANKANG YU'ER QUANSHU

李瑛 著

*

北京出版集团
北京出版社
出版
（北京北三环中路6号）
邮政编码：100120

网址：www.bph.com.cn
北京出版集团总发行
新华书店经销
北京瑞禾彩色印刷有限公司印刷

*

720毫米×1000毫米 16开本 11.25印张 137千字
2021年2月第1版 2021年2月第1次印刷

ISBN 978-7-200-16338-4

定价：58.00元

如有印装质量问题，由本社负责调换
质量监督电话：010-58572393

序言

“刚入冬，气温就连续两次骤降，孩子不舒服，我带他去医院，医生说他是因‘着凉’引起的上呼吸道感染，我心里还纳闷儿，孩子里三层外三层穿得够多了，为什么还会着凉呢？”

“自从有了宝宝，冬天是最让我发愁的一个季节了。去年冬天，宝宝得了流感，高烧3天，眼看冬天又要到了，我该怎么办呢？”

“都说夏天孩子好养，可是我最怕带孩子过夏天了，痱子包、蚊子包，此起彼伏，空调不开一身汗，开了空调就生病……怎么办呢？”

“春天是孩子长个儿的黄金季节，这时候多给孩子吃些什么，才能让他长得更高呢？”

……

我在儿科临床工作数十年，几乎每次出门诊都会被家长问到类似的问题。

为什么在不同季节孩子们面临的问题也会有所不同呢？四季分明是我国大部分地区的气候特点，不同季节环境的温、湿度，天气的阴晴雨雪，每一次变化，都是对孩子自身调节和适应能力的一次考验。这个时候最让父母苦恼的是，在这样的考验中，多数孩子往往处于“弱势”，这是因为孩子自身调节适应能力不足，他无法对外界环境的变化做出随时调整、及时应对，一旦无法适应，孩子就可能会患病。

由于工作的原因，我每天都会面对孩子身体出现的各种健康问题，无论是生长发育落后，还是对疾病的防御能力下降，或是免疫状态失衡引起的过敏反应，都或多或少和他父母日常养育中的一些不恰当的做法有关。我相信天下所有父母对孩子的期望是希望他健康成长、快乐生活，但让我越来越感到不安的是，父母的一些育儿误区影响了孩子的健康发育。比如，夏末秋初，天气刚刚转凉，有些父母就担心孩子着凉而过度给他穿衣，其实这在一定程度上影响了孩子自身适应能力的提高；秋季，气候干燥，有些父母在孩子的饮食安排上一味追求“高营养”，没有做到均衡饮食，导致孩子消化功能减弱，出现腹泻或便秘……养育健康的孩子，父母需要结合他的年龄、日常养育方式、环境变化等因素，帮助孩子做出调整，同时还需要帮助他不断地做适应性训练，以完善孩子自身的调节适应能力。

不同季节，孩子的发育特点不同，面临的疾病威胁也有所不同。春夏秋冬，每个季节各有其特点，每个季节的疾病高发情况有所不同。比如，春季的突出特点是万物复苏、温差大、花粉多，因此，它是多种呼吸道传染病的高

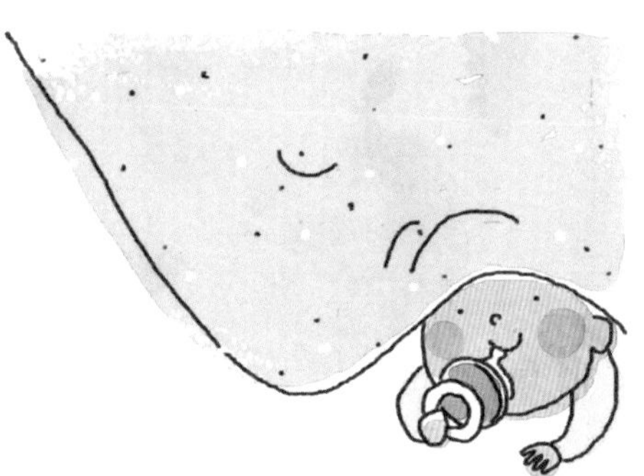

发季节，也是过敏性鼻炎、哮喘的好发季节。此时，对于传染性疾病和过敏性疾病的防护便是重点。夏季，高温闷热、紫外线强、蚊虫滋生，这个时候，我们应为孩子做好防暑、防晒、防蚊虫，同时用好空调，让孩子安然度夏。秋季的明显特征是风沙大、气候干燥、气温骤降，我们应帮助孩子做好呼吸道、肠道和皮肤的“补水”以预防疾病。冬季寒冷，室内外温差大，人流密集场所空气流通差，由此导致的季节性呼吸道和肠道感染性疾病会对孩子的身体健康造成威胁。因此，我们也应提前做好防护准备。

在日常养育中，我们必须结合季节特点，灵活地采取应对方法，才能让孩子在不断的成长中完善自我。在不同季节，穿衣适度、适时增减是锻炼孩子自身对温差变化最有效的方法；饮食合理、膳食均衡是保证孩子健康发育的根本和基础；环境舒适、清洁卫生是避免孩子因外界不良刺激引发疾病的必要手段；户外活动、合理锻炼是增强孩子自身对疾病防御能力的必须做法。本书结合四季育儿的差异和不同季节常见病的防护，分别从日常生活中衣、食、住、行4个方面提供了可操作性很强的应对方法，让父母从容应对孩子的健康问题。

北京美中宜和妇儿医院儿科主任

目录

传染篇

夏季篇

秋季篇

冬季篇

春季篇

春天，温差大、花粉多，防护传染性和过敏性疾病是关键。

春天来啦，
谨记这些要点，养儿不烦恼

1 春天，日间升温快，昼夜温差大，应注意给孩子适度保暖。

2 无论是室内休息，还是外出活动，穿脱衣服应“慢脱、慢减”。

3 户外活动明显增多，但不要突然或频繁打乱孩子已经习惯的作息规律。

4 运动量增多，多数孩子的食欲明显增加，但饮食数量和品种的增加要循序渐进，不要操之过急。

5 尽量选择新鲜食材。

6 做饭时，蒸、煮时间和温度要适当，以免破坏营养素。

7 进入春季之前应做好充分的应对过敏的准备。

8 患有过敏性疾病，要避开过敏原，比如对花粉过敏的孩子，外出时应远离繁茂的花草地带，或戴口罩。

9 预防呼吸道传染病，要保持良好的卫生习惯，别让孩子长时间停留在人流密集、通风差的场所。

10 手足口病轻症可自愈，但要警惕重症，一旦有重症出现的信号，必须立即就诊。

11 孩子生病了，居家隔离、保证休息、饮食清淡、补足水分，样样都不能少。

12 照顾患病的孩子，遵医嘱合理用药，进行密切观察，一旦出现就医指征，应积极就诊。

13 预防春季常见病，吃新鲜蔬果，保证营养全面，养成良好卫生习惯，勤开窗通风。

孩子手上起小红点了，手足口病到底怎么判断？

一位妈妈急匆匆地带着孩子来医院看门诊，就诊的原因是她发现孩子手上和脚上起了小水泡，担心孩子是不是患了手足口病。经过医生确诊，小水泡是由一个蚊虫叮咬引起的皮疹，虚惊一场。

全面了解手足口病

手足口病是由一组肠道病毒引起的一种急性传染病，流行季节是每年的5—8月，高发年龄多是5岁以下的孩子，病程一般在7~10天。该病起病急，大部分病例会先有发热症状，少数病例无发热，但会出现口腔疱疹。由于疼痛刺激，孩子表现出拒食、流涎，同时在手、足、臀部或肛周出现皮疹，手足口病的名称也是由此而来。

对于手足口病的治疗，有如下原则：

- 做好隔离。
- 药物退烧。
- 饮食清淡。
- 注意休息。
- 做好口腔护理。

口腔黏膜的疱疹大多出现在颊黏膜、软腭、牙龈或咽峡部，手、足部位的皮疹常常出现在手心和脚掌。皮疹的数量少则几个，多则几十个，可以表现为丘疹、疱疹等不同形态。手足口病的皮疹有“四不”特点：不疼、不痒、不留疤、不结痂。

大部分病例为轻症，会在1周左右痊愈；少数病例会发展为重症。重症手足口病多见于3岁以下的孩子，其病情进展非常快，在出现手足口病症状的1~5天，就会伴发脑膜炎、脑炎、脑脊髓炎、肺水肿、呼吸衰竭、循环障碍等。重症手足口病一定要在发病数小时内得到积极有效的救治，这样才能避免不良后果。

- 精神差：萎靡嗜睡，四肢无力，反应迟钝，肢体抖动或易激惹，甚至惊厥，年龄稍大的孩子自诉头疼，有喷射样呕吐。

- 呼吸困难：呼吸急促，喘息样呼吸，或呼吸表浅，呼吸减慢，口唇面色发青。

- 持续高热：高热持续，药物控制不理想，或病程超过三天体温仍无下降趋势。

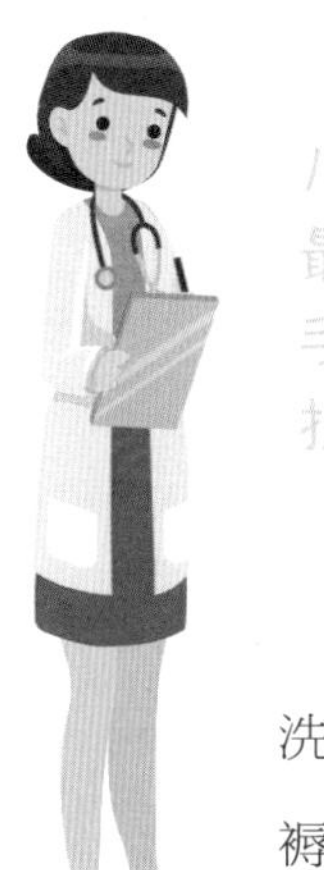

儿科专家李瑛最想告诉你的手足口病护理技巧

贴身衣物分开清洗，通风处暴晒

孩子的贴身衣物要保证柔软、吸汗。在应用退热药后孩子会大量出汗，此时衣物要及时更换，更换前用温水擦干身上的汗液。

同时，孩子的贴身衣物、被褥一定要和健康人的分开清洗，清洗以后在有阳光直射的地方晾晒。如果孩子的衣物、被褥被呕吐物或粪便污染，应使用具有消毒、杀菌功效的洗衣液清洗。

对于臀部有皮疹的孩子，要特别注意随时保持小屁股的清洁、干燥，避免粪便污染引发严重的感染。

另外，对于所有的孩子，都要注意根据环境温度、孩子的年龄适时地增减衣物。孩子贴身的衣物一定要吸汗、透气，避免孩子在运动后，或者环境温度过高以后捂汗，身上有汗的孩子会因为环境温度骤变时自身无法及时调节而容易生病。

避免进食偏热、偏酸的食物

由于口腔黏膜、咽部黏膜处的疱疹在病起两三天后会破溃形成溃疡，受到唾液和食物的刺激，患手足口病的孩子会有很强烈的疼痛感，因此需要做好口腔护理。

年龄稍大的孩子每天可以用淡盐水漱口，早晚各1次；两岁以下的小宝宝，父母可以用柔软的纱布蘸清水擦拭口腔黏膜，一天2次。

患病期间，孩子的食欲非常差，同时又由于在进食过程中口腔黏膜的疱疹和溃疡因食物的刺激引起疼痛，因此不要强迫进食，在饮食尽量清淡的前提下，还应避免偏酸或偏热的食物，以避免刺激破溃处引起疼痛。同时，在疾病流行的季节，如果给孩子吃生的水果，最好在洗净后去掉表皮再给他食用。

居家隔离至少1周

由于手足口病在5岁以下儿童中的传染性非常强，因此要求患病的孩子必须居家隔离至少1周，其间父母应维持室温舒适，保证其睡眠充足。

每天对孩子的玩具、餐具等物品进行清洗、消毒，每天用消毒液擦拭桌面、地面。患病孩子的呕吐物和大便应密封包裹后处理，被呕吐物污染的地面要立即用消毒液清理。

如果家庭成员中还有5岁以下的幼儿或体弱多病的老人，建议分开隔离，不同居一室。同时卧室应定时开窗通风，保持空气流通，并注意室内的清洁和卫生，及时清理地面及物体表面的灰尘污物。家庭成员应养成良好的卫生习惯，勤洗手，特别应注意从公共场所回来后，在接触孩子之前须先洗净双手。

体温稳定后可以外出活动

患病的孩子在居家隔离期间是不是都不能外出活动了呢？当然不是！孩子体温正常后，可根据情况在居所附近进行户外活动，但时间不宜过长，不要让孩子感到疲劳。外出期间，父母应避免让他近距离接触其他儿童和体弱多病的老人。当然，在此要提醒一下，在疾病高发的季节，不要带孩子去人流密集、通风差的场所。

接种疫苗是针对手足口病的有效预防措施，目前接种疫苗仅限预防肠道病毒71型引起的手足口病，对其他病毒，如柯萨奇病毒、埃可病毒等感染引起的手足口病是没有针对性的预防作用的，但根据临床数据，重症手足口病多为肠道病毒71型感染引起，且重症病例发生的集中年龄是3岁以下，因此，建议在孩子1岁左右时接种手足口病疫苗。

孩子起了水痘，还能让他上幼儿园吗？

5岁的女儿患了水痘，妈妈带她去看医生。在诊室里，医生经过诊断后认真地向孩子妈妈讲解注意事项。只见妈妈焦虑地问医生："我孩子得了水痘，还能让她去幼儿园吗？如果不能的话，什么时候才能再次入园呢？"医生耐心地告诉她，水痘虽经飞沫传播，但传染源只是患病的孩子，经隔离两周左右，孩子恢复后就可以返回复课了。

全面了解水痘

水痘是由水痘带状疱疹病毒引起的急性传染病，主要表现是全身性的斑疹、丘疹、疱疹，以及结痂。发病人群主要集中在儿童，传染性很强，大多数孩子恢复后，可以在体内产生抗体，终身免疫。每年的1月份、4—6月份和11月份，是水痘的高发季节。水痘的易感人群是没有接种过水痘疫苗的儿童，需要提醒大家注意的是，如果准妈妈患了水痘，胎儿也会有被感染的风险，一旦被感染有可能导致胎儿畸形。

根据严重程度，水痘可分为普通病例和重症病例，普通病例的症状比较轻，除了发热、乏力、皮疹瘙痒等症状以外，一般不会伴随其他症状；重症病例常见于免疫功能低下的孩子，表现为出血型的水痘，同时有可能合并水痘脑炎、肺炎、脓毒症等严重的并发症，严重的可能会导致死亡。

水痘患者是唯一的传染源，患病初期，孩子出现发热、头痛、全身乏力，有些孩子会呕吐、腹泻等。在发病的24小时内，孩子身上就会出现皮疹，皮疹先从头皮躯干等容易受压的部位开始，分批出现，从细小的红色的斑丘疹到水泡样的疱疹，再到结痂，然后结痂脱落。皮疹的痛痒感比较明显，常常因为搔抓激发感染，留下轻度的凹痕。

结合接触史和典型的皮疹表现，水痘的确诊是不困难的，发病3天内的疱疹液体可以分离出病毒，化验阳性率非常高。水痘患儿的血常规检查白细胞总数正常，或者稍低，淋巴细胞增高。一旦确诊水痘应尽早隔离，隔离时间应该不少于两周，直到孩子皮疹全部结痂为止。局部护理以止痒和防止感染为主，同时饮食要清淡，保证休息，控制高热，如果孩子出现咳嗽气促、头疼烦躁、嗜睡萎靡、惊厥等症状，应急诊就医。

贴身衣物要柔软，避免摩擦皮疹、水泡引起破溃

对于出水痘的孩子，一定要给他穿柔软的贴身衣物，因为粗硬的衣物摩擦皮疹，会引起并加重痛痒感。

在搔抓过程中，会引起破溃，继发感染，不仅会因此出现蜂窝组织炎、皮肤脓肿的风险，同时结痂脱落遗留疤痕的可能性也会增加。因此对于患病的孩子，父母要给他勤剪指甲，让他勤洗手，避免搔抓皮疹引起继发感染。局部止痒可以外擦炉甘石洗剂，破溃的疱疹可以外用含有抗菌药物的药膏，避免感染进一步加重。

患水痘后孩子的衣物需要和健康人的分开清洗，特别是接触了水痘疱液的衣物、被褥、毛巾等，不但要分开清洗，还建议使用开水烫洗，然后在阳光下暴晒。

可以喝稀释后的果汁，患儿餐具要消毒

患水痘的孩子宜饮食清淡，适当补充水分。孩子在生病期间，食欲降低，消化能力下降，为了增加水分的摄入，可以将新鲜的水果榨汁，滤去残渣，以温水稀释后，让他少量多次饮用。但稀释的果汁仅建议给1岁以上的孩子饮用，1岁以内的孩子，应以温开水、母乳来补充水分。

有呕吐症状的孩子，应以少食多餐为进食原则。同时应注意，孩子的餐具应和其他人的分开清洗，并煮沸消毒。

需隔离至疱疹全部结痂

出水痘的孩子应居家隔离，结束隔离的信号是疱疹全部结痂，一般两周左右。居家隔离期间，每天要定时开窗通风，建议早、中、晚，每次至少15~20分钟。开窗时打开玻璃窗，让房间内有阳光照射，开窗时要防止孩子受凉，因此建议通风的房间，暂时让孩子离开，通风结束，室内的温度恢复后再返回。

居室内的物表地面，要及时清洁，被患儿呕吐物或排泄物污染的地面，应用消毒液彻底清洗消毒。

与水痘患儿接触后要观察至少3周

出水痘的孩子，在隔离期间内不建议外出，一方面是保证休息，利于疾病恢复，另一方面，也可避免与易感人群接触。当水痘皮疹全部结痂后，孩子可以进行短时间的户外活动，户外活动时应注意避免温差过大，避免过度劳累。

对于与水痘患儿接触过的幼儿，建议密切观察至少3周，如没有出现症状，即可排除被传染的危险。

温馨提示：关于疫苗接种

接种水痘疫苗是针对水痘的特异性预防措施，但目前疫苗接种的年龄最早是孩子满1岁，而且，婴儿一旦罹患水痘，严重并发症的发生概率较高，因此对于1岁以内尚未接种疫苗的婴儿，应注意保护，避免接触水痘患儿。

急性荨麻疹会自愈吗？出疹期间可以给孩子洗澡吗？

刚过午饭时间，一位妈妈抱着孩子直接冲进了诊室，医生赶紧过去检查，只见孩子全身的皮肤又红又肿，特别是面部的皮肤，已经红肿发亮。经过医生简单询问，得知孩子10个月大，对牛奶蛋白过敏，因此父母给他添加辅食很小心，今天的午饭尝试第一次添加面食，孩子在整整吃了一小碗面条后半小时，就开始烦躁哭闹，不停地搔抓皮肤，随即全身皮肤肿胀发红，同时还出现了呼吸急促的表现。经过查体，医生判断，这是一个急性荨麻疹病例，经过紧急用药处理，患儿的呼吸逐渐平稳，皮肤的红肿明显缓解。

全面了解急性荨麻疹

按照接触变应原后出现症状的时间和持续时间，荨麻疹分为急性荨麻疹和慢性荨麻疹。急性荨麻疹，顾名思义是急性发作的，是儿科急诊常见疾病。发病原因是接触变应原后引起的急性过敏反应，一经接触变应原，数分钟至数小时内即出现全身皮肤剧烈瘙痒，随即出现大小不一的风团样皮疹，风团可以相互融合成大片的皮损，表现为

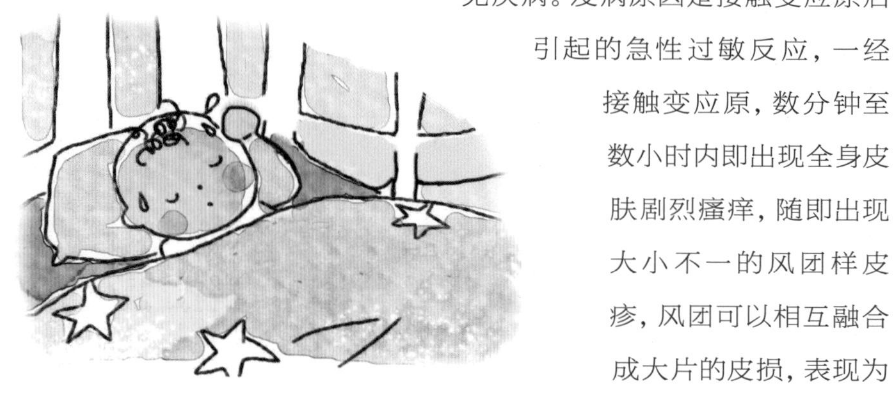

皮肤大面积肿胀，严重病例会出现喉头水肿，伴随着明显的吸气性呼吸困难，甚至窒息。

引起过敏的原因包括食入接触、皮肤接触和环境接触。食入接触的过敏原有奶制品、禽蛋、海鲜、小麦、坚果及某些水果；皮肤接触的过敏原有螨虫、蚊虫、植物花粉及汁液，某些金属饰品或化妆品、染发剂也可能诱发急性荨麻疹；环境接触的过敏原包括动物皮毛、植物花粉、霉菌、冷空气、紫外线等。

轻症病例皮疹可以在几个小时之内自行消退，但会在15天之内，不断出现新的皮疹。孩子可能伴随有发热，除了喉头水肿、呼吸困难以外，还会有腹痛或者腹泻，不过大部分病例仅仅表现为皮疹。

急性荨麻疹的治疗原则是外用止痒药，应用抗组胺药抗过敏治疗，应用钙剂或糖皮质激素减轻炎症和水肿，同时严格回避过敏原。大部分患急性荨麻疹的孩子经上述处理后症状会明显减轻，但少数孩子，可能会迁延反复不愈，发展成为慢性荨麻疹。

贴身衣物纯棉宽松，且避免颜色鲜艳和有过多图案

患了急性荨麻疹，孩子的皮肤，特别是在皮疹比较集中的部位会有瘙痒感，而任何不良刺激都会使这种瘙痒感进一步加重，因此，父母一定要给他选择柔软衣物，避免摩擦刺激。

为了避免对衣服织物中的化纤成分或染料过敏，孩子衣物的材质应为纯棉且避免鲜艳颜色。除此之外，衣物上残留的洗衣液成

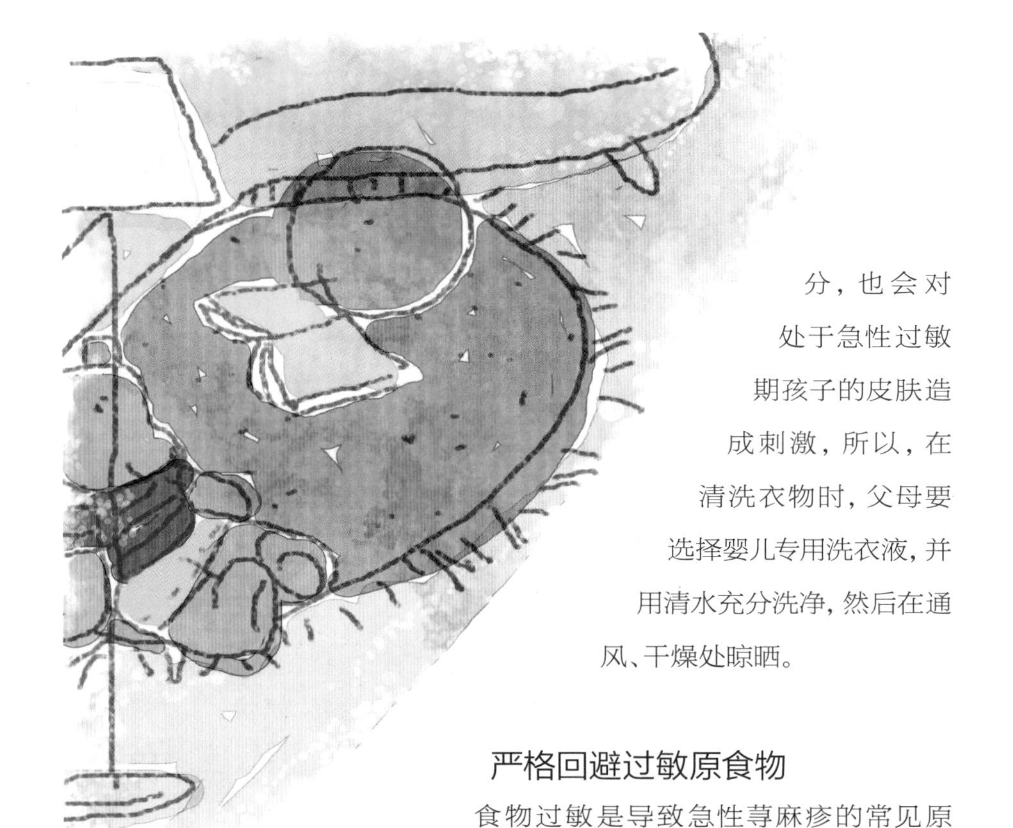

分，也会对处于急性过敏期孩子的皮肤造成刺激，所以，在清洗衣物时，父母要选择婴儿专用洗衣液，并用清水充分洗净，然后在通风、干燥处晾晒。

严格回避过敏原食物

食物过敏是导致急性荨麻疹的常见原因，其中牛奶及奶制品、鸡蛋、牛羊肉、海产品、坚果、小麦等较常见。出现急性荨麻疹后，在抗过敏治疗的同时，应积极寻找过敏原，一旦某样食物高度可疑，即应严格在膳食中回避，同时要饮食清淡，特别当孩子存在肠道症状时，如恶心、呕吐、腹痛、腹泻，应以清淡易消化的软食为主。

排查居住环境中的过敏原

在排查饮食中过敏原的同时，也要积极排查居住环境中的过敏原，比如，霉菌、宠物毛屑、螨虫等。对于明确对宠物的皮毛过敏的孩子，不要让他和宠物同居一室。建议在清洁环境过程中，用潮湿的拖把或抹布清洁地面或物表，避免在打扫过程中扬起过多的粉尘。

孩子的居室应避免过于潮湿，应将湿度控制在60%左右，避免让他长时间停留在潮湿的空间内，比如卫生间。如果室内湿度过大，可以合理使用空调的除湿功能或干燥剂。

出行时要避免疲劳和大量出汗

对于有急性荨麻疹病史的孩子，春季外出时一定要注意做好防护，建议穿长衣、长裤，减少皮肤裸露。对冷空气过敏的孩子，要戴好口罩。对紫外线过敏的孩子一旦需要长时间停留在户外，除衣服遮挡以外，还要戴好防晒帽，裸露的皮肤要涂抹防晒霜。正在出疹的孩子应注意休息，避免疲劳，同时避免大量出汗，以免增加皮肤局部的不舒适感。

温馨提示：关于春季辅食添加

春季是食物过敏高发的季节，对于1岁以内处在辅食添加阶段的婴儿，在添加辅食过程中对于过敏高风险食物，一定要严格遵循从少量到多量，逐渐加量的原则，避免首次即大量摄入。

试看专家视频讲解

带孩子去公园看花，他怎么突然就不停地打喷嚏、流鼻涕、揉眼睛呢？

元宵节假期过后的第一天，虽然天气还很冷，但春天已经来了。一位爸爸带着孩子来医院，他很焦急地跟医生说，他带孩子外出去公园游玩，远远地看到几朵迎春花，孩子就情不自禁地跑到花下面，探出头闻了闻花香，然后不到半小时，就开始剧烈地打喷嚏，鼻涕像清水一样不断地流下来。孩子坐在医生面前，使劲揉鼻子、揉眼睛，鼻涕不停地流。经过医生诊断，这是一个很典型的过敏性鼻炎病例，经过抗过敏药物治疗，包括口服抗过敏药和鼻腔局部应用含有糖皮质激素类药物的喷剂，孩子的症状逐渐得到了控制。

全面了解过敏性鼻炎

春季是过敏性鼻炎高发季节，特别是花粉和柳絮导致的儿童过敏性鼻炎是季节性高发疾病。过敏性鼻炎是由于直接吸入了外界的过敏原，以鼻痒、打喷嚏、流鼻涕、鼻塞等为主要表现的疾病，有一定的遗传倾向。据统计，如果

患有过敏性鼻炎的儿童除了存在鼻痒、鼻塞、打喷嚏、流鼻涕四大典型症状之外，还会由于鼻痒、鼻塞的交替，导致头晕、头疼，眼眶下出现黑眼晕，嗅觉下降甚至消失。

父母双方都患有过敏性疾病，孩子过敏性疾病发生率可高达75%。导致过敏性鼻炎的因素还有环境因素，包括植物的花粉、屋尘螨、粉尘螨、动物的皮屑等都可能引起过敏性鼻炎。

近年来，过敏性鼻炎的发生率有逐年增高的趋势，它和饮食、环境、疾病因素都有关系，儿童机体的免疫功能还不完善，很容易受到外界刺激打乱免疫平衡，引发过敏反应。

过敏性鼻炎患儿会因长期的鼻塞引起张口呼吸、睡眠障碍、白天注意力不集中、精神萎靡等。另外，很多患儿会诱发过敏性咳嗽和哮喘。因此，一旦确诊过敏性鼻炎，一定要积极治疗。

根据发病特征、病史和典型表现，过敏性鼻炎的诊断并不困难。治疗原则以避免接触过敏原和抗过敏治疗、减轻症状为主，首先应注意尽量回避过敏原，同时在医生的指导下，应用局部或口服药物治疗。目前对于5岁以上的儿童，如常规治疗无效，可进行脱敏治疗。当然，对于过敏性鼻炎，还应注意日常防护，避免接触过敏原，在高发季节到来前提前应用药物预防。

不穿毛织类衣物

大部分过敏性鼻炎患儿，会对环境中粉尘螨及其排泄物过敏，由于螨虫会大量存在于厚重的毛织物中，因此建议尽量不要为其穿毛织类衣物。同时在清洗衣物时，建议用高温热水洗涤，洗后在有阳光直射、通风处晾干。较长时间不穿的衣服和新衣服，在穿前也应用热水洗涤，于阳光直射处晾晒。

少吃高蛋白食物

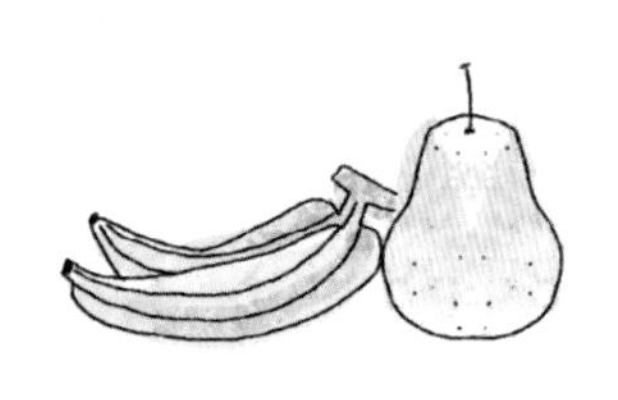

鼻炎发作期间应减少高蛋白、高热量、高油脂食物摄入，如存在明确的食物过敏原，或在食入某种食物后鼻炎症状明显加重，就要在膳食中严格避免此种食物及其成分。为了预防鼻炎发作，在日常生活中，既要回避可疑过敏原食物，又要保证膳食中粗粮、肉、蛋、奶等，以及新鲜蔬果的均衡摄入。

暂别毛绒类玩具，彻底清洁窗帘等

过敏性鼻炎患儿的居住环境，应及时清洁。在清洁用品上，应使用潮湿的抹布或拖把，避免扬起粉尘。

在居室中尽量不要放置毛绒玩具，不要摆设厚重的毛织地毯。儿童使用的床上用品，比如被褥、枕头，要尽量选择轻薄材质，并建议每周清洗床单、被罩、枕巾，每月更换1次枕芯。定期对窗帘等进行彻底的清洁。为了避免霉菌滋生，建议居室环境湿度不要超过60%，不要让孩子居住在潮湿的环境中。如明确对宠物的皮毛过敏，最好和宠物分开居住。

外出戴口罩和护目镜

对于既往有过敏性鼻炎病史的儿童，春季外出时必须做好防护，如戴上口罩和护目镜，父母要提醒孩子不要近距离接触开花植物。在疾病的缓解期，应鼓励孩子每天进行1~2个小时的户外活动，以增加对户外空气温度的适应能力，增强自身对疾病的抵抗能力。在疾病流行季节，有过敏性鼻炎病史的孩子，不要到人流密集、通风差的场所，避免呼吸道感染。

温馨提示：过敏性鼻炎和普通感冒的区别

过敏性鼻炎和普通感冒都会存在鼻塞、打喷嚏、流鼻涕的情况，由于发生原因不同，治疗和处理方法也完全不同，如何区分呢？这里告诉大家几个简单的区分方法：一是儿童患普通感冒，多数会伴随有不同程度的发热，过敏性鼻炎不会有体温改变；二是患过敏性鼻炎，鼻咽部的痛痒较感冒要明显一些；三是如果感冒是病毒感染引起的，多伴随有全身乏力、肌肉酸痛等不适症状，过敏性鼻炎引发的这些症状则不明显。

孩子得了幼儿急疹要退烧吗？疹子需不需要涂药膏？

儿子出生后第一次出现高热，且反反复复，退热效果不理想，爸爸就带着他辗转在不同的医院儿科就诊，儿子烧了3天，医院跑了6家，医生换了6位。终于热退了，儿子身上却长满了疹子，看着全身密密麻麻的皮疹，爸爸又开始担心，疹子需不需要外用药，能不能给儿子洗澡，能不能带他出门，等等。

医生告诉这位爸爸：从发热到疹出，幼儿急疹有一个自愈的过程，作为父母，大可不必紧张，耐心等待，给孩子做好护理即可。

全面了解幼儿急疹

幼儿急疹又称婴儿玫瑰疹，是婴幼儿常见的一种急性发热出疹性疾病，由人类疱疹病毒6型和7型感染引起。该病发病年龄一般在2岁以内，1岁左右最多。几乎没有任何前兆，孩子的体温突然升高，一般在39~40℃，甚至在40℃以上。少部分孩子在高热期间会伴随有热性惊厥，但绝大部分孩子除了高热，没有其他明显症状，包括咳嗽、流鼻涕、呕吐、腹泻等，有些孩子会表现为食欲不振，有些孩子则仅仅表现为高热时精神状态稍有萎靡，当体温恢复正常，精神状态也就完全正常了。

此时进行检查，孩子可能仅仅表现为咽部轻度充血，肺部听诊也是基本正常的。体温波动两三天后，会突然降至正常，部分孩子体温稍低，随着体温下降，几乎是同时疹出，疹子为红色或淡红色斑丘疹，疹间皮肤正常，不痒不痛，头颈部和躯干部的疹子较多，有的会逐渐蔓延到四肢，皮疹一般持续2~3天即消退，皮疹消退后无任何痕迹。

幼儿急疹的治疗以退热、饮食清淡、保证舒适休息、适当补充水分为原则。

相关的实验室检查中，在发病以后的两天左右，患幼儿急诊孩子的白细胞计数明显减少，淋巴细胞增高，虽然可以通过病毒分离来确诊，但临床上，一般通过孩子年龄、病史、典型表现，就能够明确诊断。

对于出现热性惊厥的孩子，在及时止惊的同时建议就医排除其他引发惊厥的疾病。幼儿急疹很少有严重的并发症发生，也不需要严格的居家隔离。

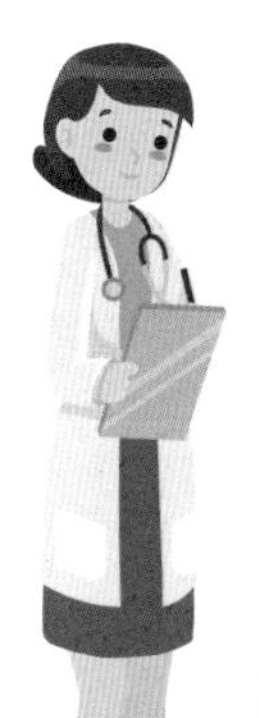

儿科专家李瑛最想告诉你的幼儿急疹护理技巧

贴身衣物透气、吸汗

在孩子患病期间，贴身的衣服要透气、吸汗，这是因为在体温波动，特别是高热应用退热药物后，孩子会大量出汗，此时，除了及时补充水分以外，要注意贴身应穿着柔软、透气性好、吸汗性强的衣物，同时当孩子出现大汗时，应及时用温热的毛巾擦干身体，更换衣物，避免着凉。

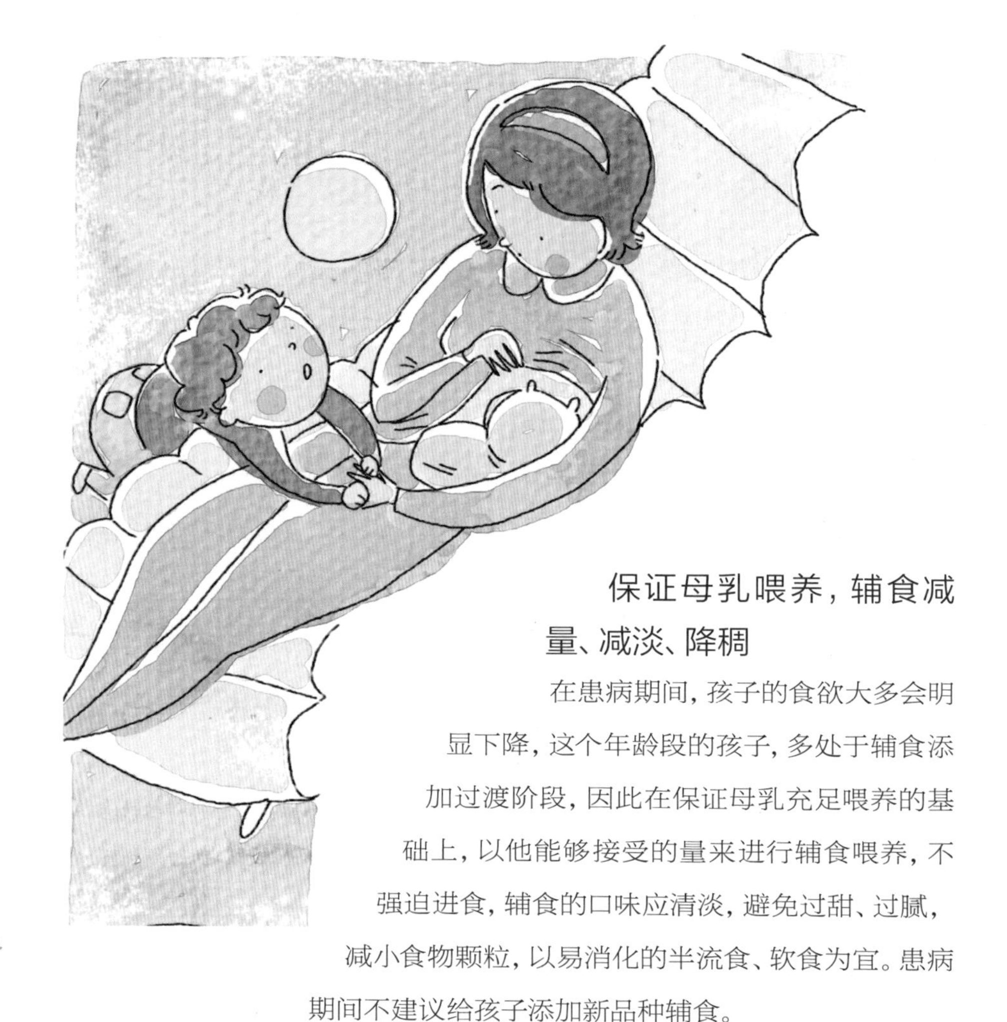

保证母乳喂养，辅食减量、减淡、降稠

在患病期间，孩子的食欲大多会明显下降，这个年龄段的孩子，多处于辅食添加过渡阶段，因此在保证母乳充足喂养的基础上，以他能够接受的量来进行辅食喂养，不强迫进食，辅食的口味应清淡，避免过甜、过腻，减小食物颗粒，以易消化的半流食、软食为宜。患病期间不建议给孩子添加新品种辅食。

室内温度25~28℃，波动范围5℃之内

居室温度建议控制在25~28℃，且每个房间的温度波动范围应在5℃以

内。这是因为发热期间，孩子会在体温升高过程中出现寒战，在应用退热药物后，又会大量出汗，合适的室温范围，既能保证在出现寒战时保暖，又有利于在高热时散热。

出疹后可以短时间户外活动

高热期间，建议孩子居家休息，热退疹出后，只要体温正常，精神状态好，可以进行短时间的户外活动，一般每次10~15分钟为宜，避免孩子疲劳。外出期间要注意保暖，且父母不应带孩子到人流密集、通风差的场所，避免再次感染。

温馨提示：幼儿急疹出疹后是否需要外用药膏？是否可以洗澡？

热退疹出后，皮疹一般表现为较密集，呈红色或淡红色，从躯干到头面部再到四肢的向心性出疹。大部分孩子的皮疹不会有任何不适感，极少部分会有轻微的痛痒，但均不需要外用药膏，也不影响日常洗澡，需要注意的是，给孩子洗澡时应避免使用沐浴露，洗澡后及时擦干身体，然后涂用保湿护肤品。

孩子刚满月，每天会出现阵发性哭闹，很难安抚，同时全身有皮疹，是怎么回事？

一位妈妈向医生描述，孩子刚刚满月，每天几乎都会在固定的时间出现哭闹，很难安抚，同时头、面部和前胸出现大量的皮疹，大便也从原来每日三四次的糊状便，变成了每日七八次的稀水便。经过询问病史，医生得知父母都有过敏性鼻炎病史，孩子经剖宫产分娩，因为早期妈妈母乳不足，给孩子添加了普通配方奶。结合这些信息和查体，医生初步诊断，孩子是由于牛奶蛋白过敏出现了一系列症状，经过妈妈严格的膳食回避，孩子的症状逐渐好转。

全面了解牛奶蛋白过敏

牛奶蛋白过敏是指对一种或者几种牛奶蛋白发生过敏反应。

在临床上，牛奶蛋白过敏可有多种表现，常见为皮肤症状、胃肠道症状和呼吸道症状，以及全身症状。皮肤症状表现为湿疹、特应性皮炎及荨麻疹，皮疹可以出现在全身所有部位，因瘙痒会导致孩子睡眠不安、情绪烦躁，搔抓皮疹破损后易继发局部感染。胃肠道症状可有呕吐、反流、腹泻、腹胀、便硬、便血等，由于大量蛋白质随大便排出，长期腹泻会导致低蛋白血症，影响孩子的发育。呼吸道症状包括鼻塞、打喷嚏、流鼻涕、咳嗽、气喘，严重者会出现喘憋和呼吸困难。全身症状有剧烈哭闹、体格发育落后等。

牛奶蛋白过敏发生的原因分为自身因素和外部因素。自身因素中，家族遗传、免疫系统不成熟及肠道屏障功能发育不完善是最常见原因；外部因素包括分娩方式、喂养方式及接触环境中过敏原等。

牛奶蛋白过敏的临床处理原则是：孩子的膳食中要严格回避牛奶蛋白，但须提供满足生长发育需要的营养。

除特殊情况外，母乳喂养儿童建议继续母乳喂养，但妈妈必须遵医嘱进行严格的膳食回避，如果孩子的症状在2~4周好转甚至消失，即可初步判断为牛奶蛋白过敏。妈妈后续的饮食恢复也应在医生的指导下进行。如果孩子为人工喂养或混合喂养，就要根据孩子是否腹泻来确定是否需要进行特殊配方粉喂养，特殊配方粉包括氨基酸配方粉和深度水解配方粉。由于牛奶蛋白过敏的孩子极有可能合并其他食物过敏，因此在辅食添加阶段，也应以严格避免明确过敏食物，谨慎摄入过敏高风险食物，提供满足生长发育需要的营养素为原则。

对于存在牛奶蛋白过敏高风险的儿童，即父母一方或双方，或同胞兄姐有过敏性疾病史者，应自出生后开始对其进行针对性的三级预防，来降低出生后较早出现过敏症状。

出生后6月龄内纯母乳喂养，不能母乳喂养或母乳不足时，选择适度水解配方粉。添加固体食物不早于6月龄，高过敏风险食物1岁后引入。

三级预防包括母乳喂养、营养补充、延迟添加固体食物。

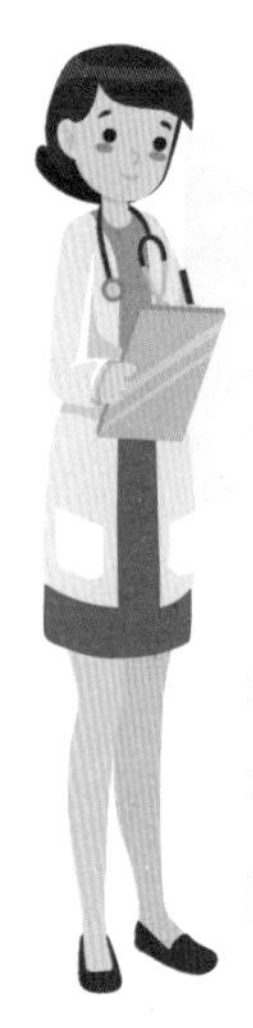

儿科专家李瑛最想告诉你的牛奶蛋白过敏护理技巧

贴身衣被纯棉柔软，避免绑带勒紧

在外用药物控制湿疹、皮炎的同时，应给孩子大量涂抹保湿霜。孩子的贴身衣被，一定要纯棉柔软、宽松适宜，避免绑带勒紧，对皮肤摩擦太多。新买回的衣物，要经高温清洗，阳光照射晾晒后再给孩子穿着，避免衣物颜色过于鲜艳、图案过多。

6月龄内以纯母乳喂养为最佳

6月龄内婴儿，尽量选择纯母乳喂养，特别是对于存在牛奶蛋白过敏高风险的婴儿，即父母或同胞兄姐患有过敏性疾病者，应尽量避免过早引入蛋白分子量较大的牛奶蛋白配方粉。如果妈妈的母乳确实不足，可在医生建议下，给孩子补充抗原分子量较小的部分水解配方奶，一旦母乳充足，应坚持纯母乳喂养。如果婴儿没有出现牛奶蛋白过敏的临床表现，妈妈的饮食不建议进行特殊的回避，包括过敏高风险食物，如牛奶、鸡蛋、牛肉、羊肉、海鲜、坚果、小麦、大豆等。

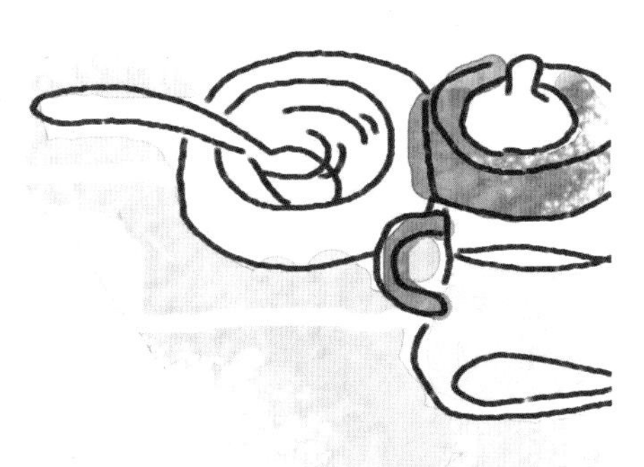

注意交叉过敏，牛奶蛋白过敏可能并存环境因素过敏

一部分牛奶蛋白过敏的孩子，可能会并发对环境因素过敏，也可能在过敏进程中逐渐出现对环境过敏的症状，包括最常见的粉尘螨过敏，动物皮屑、皮毛过敏等，因此建议，定期清理居住环境及毛织物内的螨虫，在打扫卫生的时候，要避免扬尘。生活环境中，应杜绝二手烟暴露，禁止常规使用消毒杀菌剂，否则会破坏环境中的正常微生物环境，不利于机体免疫平衡的完善。

过敏期间暂不外出，除非就医

在急性过敏期间，可以暂停每日的户外活动，特别是皮肤有大量损伤的孩子，应减少洗澡次数，缩短洗澡时间，日常做好皮肤保湿，特别是在冬春季节，孩子外出前，皮肤要大量地涂抹保湿霜，增加对皮肤的保护。如果湿疹和皮炎的皮损非常严重，可遵医嘱应用含有糖皮质激素成分的药膏治疗。

猩红热是春天常见的传染病，如何让孩子不被传染呢？

在门诊室，一个持续高热了3天的5岁男孩，由妈妈带来就诊。妈妈叙述，孩子3天前突然出现发热，体温波动在38.5～39.5℃，吃了退热药体温会有所下降，但会反复升高，本来觉得就是一次普通的感冒，但晚上，出现了一个新症状：从面部开始，出现了密密麻麻的红色皮疹，直到第二天早晨，皮疹已经布满了孩子的全身，妈妈这才意识到问题比较严重。经过病史询问、查体和实验室化验，确诊孩子患有猩红热，经治疗，孩子的体温很快恢复正常。

全面了解猩红热

猩红热是由A组β型溶血性链球菌引起的急性呼吸道传染病，疾病特点是发热的同时伴随有全身的弥漫性皮疹，同时有口周苍白圈，该病的典型表现是在病程1周左右，皮疹消退并伴皮肤大量“麸糠”样脱屑，但并不会留有色素沉着。

多数病例除发热、皮疹外，还

会伴随咽痛、全身不适，婴幼儿患儿病情较重，可有持续高热、呕吐，甚至出现惊厥。已经发病和处在潜伏期的患儿是传染源，传播途径为密切接触，预防措施是严格隔离可疑病例和咽部带菌者，流行季节应避免带孩子去人流密集场所。

儿科专家李瑛
最想告诉你的
猩红热护理技巧

衣物慢脱、慢减

春季，乍暖还寒，昼夜温差和室内外温差还比较大，因此在给孩子减少衣物的时候，一定要遵循慢脱、慢减的原则。随着户外活动增多，孩子由室内到户外进行活动时，应给他做好适度保暖。活动后大量出汗，不要马上脱去外衣，孩子的贴身衣服要柔软、吸汗，待皮肤上的汗液自然干燥后再脱去衣服。

食物要应季新鲜

春季是一年四季里时令新鲜蔬果最少的一个季节，因此在保证饮食营养均衡的基础上，应尽量选择新鲜的蔬菜瓜果。在烹饪过程中，应避免蒸煮温度过高、时间过长，以保持营养素不被破坏。每日主食中要有一定量的粗粮和谷物。多吃蛋白质含量丰富同时油脂含量比较低的瘦肉、鸡蛋、牛奶、海产品。

房间开窗通风

居室应每天开窗通风，建议早、中、晚每次10~15分钟，以保证室内的空气流通。通风的重点房间是孩子的卧室和活动比较多的居室。家庭成员都应养成讲卫生的良好习惯。室内的物品、桌面、地面，每天用清水擦拭干净。如果家庭成员中有可疑或确诊传染病患者，应用含氯消毒液进行物表、地面的消毒。

避免去人多的地方

春季是传染病高发季节，这时带孩子外出，应尽量选择场地开阔、空气流通性好的场所，避免到人流密集、空气流通差的地方。如发现接触人中存在明显的呼吸道症状，比如咳嗽、流鼻涕等，应及时带孩子离开，避免近距离接触。

温馨提示：规范及时的计划免疫接种是预防春季传染病最有效的手段

春季，高发且常见于儿童的急性传染病有：猩红热、流行性感冒（流感）、水痘、麻疹、流行性腮腺炎、流行性脑脊髓膜炎（流脑），对于这几种常见传染病应以积极预防为原则，其中流感、麻疹、水痘、流行性腮腺炎、流行性脑脊髓膜炎都可以通过接种疫苗预防，来获得对疾病的特异性防护。因此，对于适龄婴儿，应及时进行预防接种，对于未接种疫苗的婴儿，更应做好全面保护。

试看专家视频讲解

春天是长个儿的好季节！这样吃才能让孩子长高！

一位妈妈带6岁的女儿来看保健门诊，就诊原因是从头年的10月份开始，女儿的身高增长就明显减慢，都说春季是孩子长高的黄金季节，应该怎么做才能让女儿快快长高呢？经过检查，医生告诉妈妈：一年四季中，春季是儿童身高增长最快的季节，每年的4、5月份，孩子们的身高平均每月增高7mm，而在10月份，平均每月增高仅为3mm，分析其原因，是因为春季孩子的机体新陈代谢比较旺盛，血液循环加快，呼吸消化功能加强，内分泌水平高，因此在这个季节，生长发育比其他的季节更快一些，也正是因为生长发育快，保证营养素全面均衡的摄入，就更加重要了。

春天如何吃，才能让孩子长得更好呢？参照《中国0～2岁婴幼儿喂养指南》和“学龄前儿童平衡膳食宝塔”中的建议，让孩子长高可以从以下几点来具体操作。

吃得要“杂”

“杂”就是全面，要求食物种类要多样。膳食宝塔中的每一层代表一类食物，孩子的日常饮食不仅应该包含各类食物，同时，每一类食物中涉及的品种也要避免单一，比如，主食要有五谷杂粮，肉类要有红肉、白肉，蔬菜要有根茎类也要有绿叶菜。春季，提倡给孩子适当多吃新鲜蔬果、粗粮、谷物、瘦肉等。

对于已经成功完成辅食过渡的1岁以上的孩子，为了保证营养全面，要注意食物搭配，每一类食物按照一定的比例构成来搭配，主食是膳食宝塔的塔基，由最初的精米、白面，逐渐增加五谷杂粮；油盐是塔尖，逐层递减，中间按比例分布着蔬菜、水果、鱼、肉、禽、蛋、奶，这样搭配才能够做到营养全面。

吃得要“准”

“准”就是均衡，要求营养素的摄入量要适度。在孩子的生长发育旺盛期，各种营养素都发挥着重要的作用，很多微量营养素也是必不可少的，要保证每种营养素的均衡摄入。比如，钙元素是骨骼肌肉发育的必需营养素，其丰富的来源有奶制品、海鲜、禽蛋类，但同时，还必须摄入足够的优质蛋白质保证骨骼发育，脂肪和糖提供运动所需的能量，除钙元素以外的其他营养素如磷、镁、锌、铜及多种维生素，都是骨骼肌肉发育必不可少的，只有均衡摄入，才能保证发育的全部需要。

吃得要“活”

“活”就是合理，要根据孩子的年龄、发育状况、身体条件、饮食习惯、作息规律及季节特点，对孩子的饮食做出合理安排和及时调整。结合春季的特殊性，孩子的食欲增加，父母应该做到循序渐进，不要让孩子在较短时间内大量饮食，特别是对于辅食添加阶段的孩子，应从少量开始，避免出现消化不良。由于很多营养素，会因长时间的储存和高温蒸煮而破坏流失，因此，在食材的选择上，要尽量做到应季，尽量选择新鲜的。食物烹饪时应做到：可生吃不煮熟，可完整不切碎，可低温不高温。

给孩子补钙，你必须知道的那些事儿！

4岁的儿子睡眠不安，而且运动后出汗多，妈妈以为他缺钙，就带他去看医生。经过医生的详细询问和仔细检查，孩子并不缺钙。医生向妈妈解释说：钙元素是孩子发育必不可少的营养素，但判断孩子是否缺钙要结合其喂养史、膳食结构、生活环境、养育方法、发育情况、疾病状况，以及是否合理补充维生素D来综合判断，任何一种单一的表现都没有特异性。

钙元素是孩子发育必不可少的营养素，但其在人体内的吸收和利用要在$25-(OH)_2D_3$的作用下才能完成，$25-(OH)_2D_3$是维生素D的代谢产物，而维生素D在天然食物中含量很少，主要是通过日光照射后，在皮肤内转化形成。在生长发育旺盛期的儿童，一旦长时间缺少户外活动，又没有及时补充外源性的维生素D，或体格发育过快，或受到某些疾病影响，就会出现“缺钙”的症状，包括易激惹、烦躁、夜惊多汗、睡眠不安，如没有及时治疗，会出现骨骼发育障碍，如颅骨软化、方颅、胸廓畸形、鸡胸或漏斗胸、肋骨串珠、X形腿或O形腿，临床上称为“营养性佝偻病”，高发年龄为两岁以内。

钙的作用是什么？在人体中如何被利用？不同年龄的孩子，每日所需钙的量是多少，这些钙需要从哪里获得呢？

钙有什么用？

钙是人体中重要的元素之一，它大量地存在于骨骼和牙齿之中，同时钙不仅参与骨骼和牙齿的组成，还起着维持正常神经系统功能，维持正常新陈代谢的作用。钙的第一个功能被大家熟知：组成和维持骨骼牙齿的结构。沉积在人体骨骼和牙齿中的钙，占人体中全部钙含量的99%。第二个功能是维持正常的肌肉细胞的功能，保证肌肉的收缩、舒张。第三个功能是，加强心肌的收缩力，维持心率，加强心脏的传导功能，同时还具有升高血压的作用。第四个功能是，参与血液凝固的过程。

钙如何被吸收？

钙元素被身体吸收，必须通过维生素D来完成，维生素D的重要生理功能是促进小肠黏膜上皮细胞对钙元素的吸收。由于维生素D在天然食物中含量有限，其转化途径是经紫外线照射后，皮肤中的胆固醇成分转化而来，因此，处于生长发育旺盛期的婴幼儿，除了每日要有保证至少1小时的户外活动接受紫外线照射外，还应规律地补充维生素D，0~1岁婴儿建议维生素D补充量为每日400~500IU，1~3岁，每日600~800IU。

钙的需要量？

钙的需要量和年龄有关，不同月龄和年龄，每天钙元素的需要量也不同，具体见下表。

不同月龄和年龄儿童每天钙的需要量

月龄和年龄	0~6个月	7~12个月	1~3岁	4~7岁	8~10岁	10岁以上
钙的需要量	200mg	250mg	600mg	800mg	800mg	1000mg

需要注意的是：这里所说的需要量，指的是钙元素的量，并不是我们日常所说的钙的化合物，比如碳酸钙、磷酸钙、乳酸钙等。

钙从哪里来?

日常饮食中，有很多含钙量比较丰富的食品，比如，奶制品、豆制品、海产品，以及一些蔬菜。以常见的奶制品为例，每100mL母乳含钙量是25~30mg，由于配方不同，每100mL婴儿配方奶含钙量是48~100mg，每100mL鲜奶含钙量是100~120mg。

以一个6月龄婴儿为例，每日钙元素的需要量是300mg，如果纯母乳喂养奶量能够达到1000mL，就能够完全满足钙元素的营养需求。一个6岁的儿童，每日所需钙元素为800mg，按照学龄前儿童膳食营养建议，每日要摄入350~500mL奶制品，则由其提供的钙元素可满足一半的需要量。另外，要通过其他食物来补充，比如一些豆类食物、海产品、禽蛋、坚果和蔬菜，都含有丰富的钙元素，只要膳食均衡，就能够满足钙元素摄入。

夏季篇

夏天，高温闷热、紫外线强，防暑、防晒、防蚊虫。

夏天来啦，
谨记这些要点，养儿不烦恼

1 夏季气温高，日照时间长，孩子的基础代谢率提高，因此要给孩子合理安排膳食。

2 孩子的膳食以易消化、少油少糖、富含水分为基础，同时还要保证优质蛋白质、各种维生素和营养素的摄入。

3 夏季饮食要注意食品卫生，不吃生冷未加工食物。

4 由于胃肠道功能相对较弱，婴幼儿应避免食用冷食，儿童应避免大量食用冷食。

5 夏季应保证孩子充足的睡眠，睡眠时适当调低居室温度，保持手足温凉，头颈无汗，入睡前两小时，避免剧烈运动和过度兴奋，避免大量进食高热量食物。

6 夏季是肠道传染病高发季节，预防应注意严格清洗生吃入口食物，肉类食物充分加热，勤洗手，居家环境保持清洁卫生。

7 日常外出活动，建议选择时间为上午8:00—10:00或下午4:00—6:00。

8 夏季外出应尽可能避开阳光直射的地方，如在户外紫外线强度相对较强的地方停留两个小时以上，应给孩子进行合理防晒。

9 蚊虫叮咬是夏季困扰孩子的大问题，要提前做好预防，叮咬后以止痒和预防感染为原则，一旦出现局部皮肤感染，应及时带孩子就诊。

10 空调的合理使用非常重要，开启空调的室内与户外的温差应保持在8~10℃，且应慢慢调低温度。

11 夏季因蚊虫叮咬、热痱、皮肤擦伤等导致的皮肤感染非常常见，应以预防为主。勤剪指甲，皮肤破溃处外用皮肤消毒剂防治感染，如出现皮肤大面积红肿、局部皮肤温度升高等情况，应及时带孩子就诊。

宝宝连续几天中午体温偏高，不用吃药，能自行恢复正常，还总是要喝水，是怎么回事？

一个夏日午后，一位妈妈带着一个两岁左右的孩子来到门诊室，就诊前孩子的体温是37.8℃，妈妈主诉最近连续几天，孩子中午前后体温都偏高，同时还有口渴要水喝、食欲下降的表现，除此之外，一切反应都正常，下午三四点钟以后，孩子的体温可以自行恢复正常。妈妈非常担心，这种有规律的发热，是不是由一些不易被发现的感染性疾病或其他不常见疾病引起的呢？

在询问孩子的表现和查体后，医生发现除了体温稍高，孩子没有任何其他疾病的征象，经过简单的感染指标检测，也没有发现异常。医生安慰妈妈，这种现象在高温的夏季比较常见，是一种因季节因素导致的体征——暑热症，经过日常生活照顾，等高温季节过后，孩子就可以自行好转了。

全面了解暑热症

暑热症是夏季婴幼儿特有的一种现象，发生诱因是高温、高湿的季节气候因素。

暑热症的3种主要表现是发烧、口渴、少汗。

由于婴幼儿对环境温度的调节适应能力差，在炎热的季节特别是高温、高湿的环境中，靠自身出汗来调节体温的能力不足，不能及时调节体

温，出现了发热，同时还会有消化能力下降、食欲差、排便稀等情况。发热以38℃左右的中等热为主，很少出现高热，当环境温度降低，或气候凉爽后，自行好转。

伴随着口渴，大部分孩子喝水量大大增加，同时尿量也会明显增加。

少汗的表现比较明显，有的孩子仅仅在头部，稍微有一点点汗出，无论是在活动或者吃奶、吃饭、喝水后也不会有大量出汗的情况。

诊断暑热症，要排除其他一些发热性疾病。暑热症的处理原则如下：

- 以加强日常照护为主，居室内温度不要超过28℃。
- 饮食清淡，用易消化和富含蛋白质的食物提供充足营养。
- 注意在孩子口渴的时候，不要一次性大量饮用白开水。6个月以内的小婴儿，以母乳或者配方奶来补充水分就可以了。1岁以上的孩子可以喝一些稀释的果汁。1岁以内已经添加辅食的婴儿，可以喝一些米汤。
- 发热的时候不需要应用退热药物，在确保孩子舒适的前提下，可以用温水擦浴或直接洗温水澡。

● 保持室内的空气流通，每天不少于1小时的户外运动，户外活动的时间应避开气温较高的中午前后。

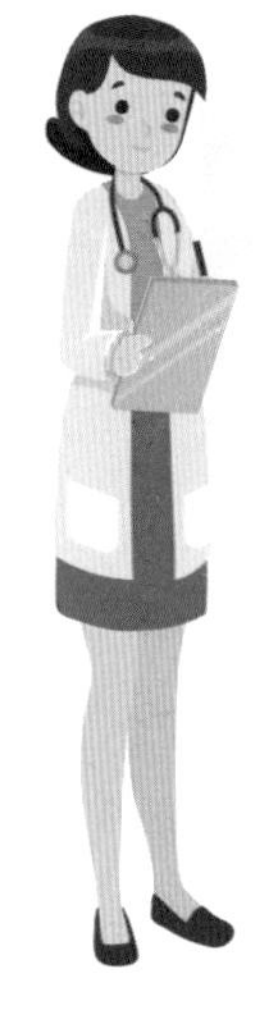

儿科专家李瑛
最想告诉你的
暑热症护理技巧

衣物轻薄透气，利于散热

应对暑热症，穿衣一定要注意，应选择轻薄透气、吸水性和散热性较强的材质。因为发生暑热症的原因是婴幼儿汗腺发育差，自身排汗功能不足，一旦环境温度过高，湿度过大，不能及时地通过自身调节来控制体温，出现体温增高。因此，要保证皮肤的水分能够迅速蒸发，选择利于散热的透气好的衣服是必须的。

多喝温水，促排汗

高温季节，孩子的饮食原则是，既要清淡又要保证营养，特别是对于出现暑热症症状的孩子来说，可以把饮食做得软烂易消化一些。由于患暑热症的孩子出汗少，可以通过饮食来促进排汗，以帮助他调节体温。此时，可以让孩子喝温热的水或米汤，吃温热的米菜、肉粥。最好能让孩子无论是在吃饭喝奶时，还是喝水喝粥后，都有少量排汗。

室温不要超过28℃，中午前后不要开窗

在夏季，建议婴幼儿白天活动时，居室温度不要超过28℃，夜间睡眠的时候，温度可以稍低，室温26℃左右为宜。同时，还要注意居室定时开窗通

风，开窗时间应避开室外温度较高的时间，建议在上午10点以前或下午4点以后，中午前后尽量不要开窗。

室外温度超过35℃，不宜外出

夏季，婴幼儿每天进行户外活动，应注意时间和场所的选择，当室外温度超过35℃时，不建议进行长时间的户外活动。活动时间，也应安排在上午10点之前，或下午4点以后，在户外连续停留的时间以不超过1小时为宜，在户外，应选择阴凉通风处，避免长时间停留在阳光直射的地方，同时，要注意给孩子补充水分，要喝温水。

温馨提示：大量出汗后应补充含电解质的温水

由于人体的汗液中含有大量的钠、钾、氯等电解质和糖分，因此如果短时间内出汗很多，则需要补充含有电解质的水，但不建议大量补充白开水，原因是此时细胞内也处于缺水状态，大量低渗透压的白开水会首先迅速进入细胞内，引起细胞水肿，神经细胞水肿会增加颅内压力，出现颅高压症状，如头痛、头晕、呕吐，甚至惊厥；此时建议给孩子补充含适量糖分和电解质的温水。

试看专家视频讲解

带孩子去海边，回来后脸上泛红还掉皮，是不是晒伤了？如何给孩子有效防晒？

夏季的一天，门诊室里来了一个面部布满片状脱皮的6岁孩子。他的父母诉述3天前带孩子到海边游玩，在沙滩上堆沙雕，在海水里游泳，当天晚上孩子的面部和肩部皮肤出现痛痒并发红，两三天后出现了脱皮，伴随着皮肤脱皮，孩子出现了局部刺痛、睡眠不安，甚至脱穿衣服都会引起哭闹，父母很着急。经过检查，医生发现除了面部，孩子的背部和肩部也有大片脱皮，周围的皮肤发红，伴随着散在水泡，经诊断为日光性皮炎。因为局部皮肤损伤程度较轻，经外用药物后逐渐好转，但遗留了暂时的色素沉着。

全面了解日光性皮炎

日光性皮炎也叫日照性皮炎，发生原因是长时间在没有任何遮挡的紫外线比较强的户外进行活动，造成皮肤的真皮层血管扩张，渗透性增加，渗出大量组织液的同时，造成皮肤损伤。该种疾病常见于皮肤黑色素含量比较少，皮肤防晒能力和自我修复能力比较差的婴幼儿和少儿。主要表现是，连续数小时户外活动后，在皮肤没有任何遮挡的部位，出现边界较清楚的鲜红色红斑，同时瘙痒的感觉比较明显，红斑部位会出现水泡，继而水泡破溃，皮肤剥脱，严重的话会并发皮肤感染和化脓性溃烂。

经治疗好转后，红斑部位的皮肤颜色逐渐变暗，有脱屑，留有一段时间的色素沉着，但均能恢复正常肤色。轻症皮炎，即在不伴发水泡破溃的情况下，一般3天左右缓解，重症情况1周左右才能恢复。

治疗以止痒和预防感染为主，止痒常用炉甘石洗剂，如果痛痒非常明显，也可以选择冷毛巾外敷的方法，将洁净的湿毛巾放到冰箱冷藏室内，放置1小时后取出，在晒伤的局部进行冷敷，直到痛痒缓解，其间可以更换湿毛巾，皮肤出现水泡破溃后，可以用含糖皮质激素的药膏，也可以同时使用含有抗菌药物的外用药，预防感染进一步加重。

预防日照性皮炎，要让孩子规律地参加户外锻炼，增强皮肤对日晒的耐受能力。同时，夏季带孩子外出，要选择好地点和时间，外出的时候尽量减少皮肤裸露，让孩子戴好遮阳帽，如在户外紫外线过强的地方停留时间过长，应提前给孩子裸露的皮肤涂抹防晒霜。

遮盖皮肤，不剃光头

夏季防晒的第一个关键措施是合理穿衣，原则是尽量减少皮肤裸露，外出时最好给孩子穿着长衣长裤，特别是要在户外长时间停留时。衣服材质的选择也很重要，应轻薄透气，利于散热排汗。

由于婴幼儿头部皮肤面积占比例比较大，因此头部防晒也非常重要，建议外出给孩子戴好遮阳帽。此外，建议夏季尽量不要给孩子剃光头，保留0.5~1cm长的头发，能够起到很好的防晒和调节体温的作用。

不吃油炸类食物

夏季饮食的主要原则是既要清淡，又要富含优质营养。从增加皮肤对抗紫外线能力，防晒伤的角度出发，夏季的日常饮食中，应适当增加富含膳食纤维的食物，如粗粮、薯类、根茎类蔬菜等，以及富含B族维生素的食物，如全麦、豆类、蛋黄和深绿色蔬菜等，同时还要以易消化的优质蛋白质来提供优质营养，如奶制品、瘦肉、鱼类等。需要注意的是，要避免进食高热量、高油脂类食物，如油炸类食物。

发现晒伤应及时返回室内，用凉毛巾敷患处降温

夏季日常户外活动时间以连续不超过两小时为宜，两小时后可以暂时返回室内，或到阴凉处休息，如发现皮肤裸露处有发红发烫、轻微触痛等晒伤迹象，需及时返回室内，用自来水浸湿洁净的毛巾敷在皮肤发红的部位，反复更替，直到皮肤发红发烫好转，触痛明显缓解。

儿童防晒霜使用原则：

- **不要选择防晒系数太高的产品。**
- **在使用之前先做皮肤测试。**
- **涂抹防晒霜前应先涂保湿霜。**
- **户外停留两个小时后应再次涂抹。**
- **回家后要彻底清洗脸部。**
- **1岁以上的孩子，还要给他选择一副合适的太阳镜，防止眼睛晒伤。**

外出防晒要做好

夏季日常防晒，首先是应避免在紫外线强度过强的上午10：00至下午2：00这个时间段外出。如需外出，建议户外停留时间不超过1小

时，即使是选择上午10点之前和下午2点之后外出活动，也应尽量在阴凉处。带孩子到水边、沙滩等紫外线强度较强的地方，应给他裸露的皮肤上涂抹防晒霜。

温馨提示：使用防晒霜（露、喷雾）前，如何做皮肤测试

为孩子选择防晒产品时除了要注意适用年龄之外，还要在使用前给他做好皮肤测试，方法是：在孩子前臂内侧皮肤上，涂抹防晒霜，涂抹范围为直径1cm，观察局部反应，如24小时内未出现红肿、瘙痒、皮疹或水泡，则可以正常大量涂抹，如出现异常反应，须停止使用。

试看专家视频讲解

为什么天这么热孩子还会着凉感冒呢？夏季感冒跟秋冬季感冒一样吗？

7月的某天，5岁的儿子因为从温度较高的户外进入室温较低的室内而“着凉”感冒，父母带他去医院就诊，面对医生，父母不解地问，因受凉导致的感冒在寒冷的冬季和气温骤降的秋季比较多见，在炎热的夏季为什么还会出现呢？医生解释说，这其中最主要的原因是空调使用不合理，空调温度太低，室内外的温差太大，加上孩子自身对温度的调节适应能力差，就会出现这样的情况。

全面了解夏季感冒

感冒是急性上呼吸道感染的统称，绝大部分病例是由病毒感染引起的，虽然感冒可以发生在任何季节，但不同季节，感冒的症状会有所不同。和秋冬季节感冒相比，夏季感冒伴随高热的情况普遍比秋冬季感冒要多见，虽然不会有严重的寒战、怕冷，但体温的控制难度较大，即使是口服药物后大量出汗，体温也可能不会明显地下降，且热程较长，反反复复。其次是呼吸道症状，包括流涕、咳嗽、咽痛。夏季感冒，孩子主要的表现是流鼻涕，但鼻涕较黏稠，咽痛明显，但秋冬季感冒，孩子鼻塞，流鼻涕多为清水样鼻涕，且咽痛表现普遍不太明显。

夏季感冒与秋冬季感冒的不同点还表现在，夏季部分孩子会伴随有明显的胃肠道症状，如呕吐、腹泻、食欲不振。两种感冒的治疗原则都以控制发热、保证休息、补充水分为主，但夏季感冒期间，更应该注意环境温度对孩子体温的影响，在孩子高热时应避免环境温度过高，并尽量保持居室内空气流通，由于婴幼儿体温调节中枢发育不完全，且皮肤调节体温能力欠缺，如环境高温高湿，则不利于皮肤散热，持续高热会诱发热性惊厥，引发抽搐。

患病时，应以孩子能够接受的方式少量多次补充水分。1岁以内的孩子，可以增加母乳或配方奶喂养次数，1岁以上的孩子，可以喝稀释的现榨果汁、绿豆汤、荷叶水等。居室应保证通风，合理使用空调，维持室温不低于25℃，不高于28℃，一旦孩子出现精神萎靡、异常烦躁、呼吸急促、严重的呕吐腹泻等情况，应及时带他就诊。

热也不能穿太少

夏季幼儿穿衣原则是，室内注意适度保暖，以摸上去手脚温凉、头颈部无汗为宜；户外活动应尽量避免大量出汗，选择通风阴凉处活动。

夏季幼儿户外活动较多，户外温度过高会造成体温偏高，由于其自身通过排汗调节体温的能力差，因此体温较难稳定，一旦从户外进入温差较大的室内，就容易着凉。因此，户外穿衣原则是避免皮肤大面积裸露，穿着带袖子的衣服和遮盖大部分小腿的裤子，衣服的材质应轻薄透气，吸汗性好，目的是避免因日晒或环境温度高导致体温增高。

喝温水，适量出汗

夏季预防感冒，在饮食方面，除了遵循易消化、富含营养的原则以外，还要提醒父母，夏季避免给婴幼儿喝温度过低的冷水或冰水；反之，建议每日需要补充的水分以常温为宜，甚至可以是温度稍高的温水，让孩子在每次喝水或是喝奶以后，头部、鼻尖轻微少量出汗。让孩子适量出汗，对于预防夏季感冒是有效的。

每天至少1小时户外活动

夏季，应合理安排婴幼儿的户外活动，建议每天户外活动时间不少于1小时，但应避开气温较高的时间段。户外活动的场地，应选择阴凉通风处，避免阳光直射，外出前后适当补充水分。对于1岁以内的婴儿，不建议长时间停留在高温的户外，以每次不超过1小时为宜。

夏季，幼儿规律的作息和充足的睡眠是非常重要的，建议午睡或晚间入睡前1小时，避免剧烈活动。

不能24小时持续开空调

夏季居室内不应24小时不间断地开启空调，同时空调的温度不要设置过低，婴幼儿较适宜的环境温度为25℃左右，但当孩子由高温的户外进入居室内时，应先将空调温度设置在与户外温差为5~8℃，1小时后再逐渐调低。同时，应有规律地开窗通风，每天至少早晚各1次，每次10~15分钟。当然，我们完全可以将开窗通风的时间，安排在婴幼儿外出活动时。另外，室内空调的出风口应远离婴幼儿。

温馨提示：预防夏季感冒，环境湿度很重要

过于干燥的环境，不利于婴幼儿呼吸道黏膜维持其自身的防御能力，特别是当环境湿度低于30%时，其对外界致病微生物的清除阻挡能力会大大降低，夏季空调开启，会让室内过于干燥，建议除了定期开窗通风外，还可以通过使用加湿器、用湿布拖地等方法提高环境湿度，环境湿度以50%左右为宜。

夏天什么原因容易导致孩子拉肚子？细菌性腹泻和病毒性腹泻有什么区别？

一位妈妈急匆匆地带着孩子进了门诊室。通过妈妈叙述，医生了解到，这个3岁的孩子，主要表现是呕吐和腹泻，伴随着腹泻，还有腹痛，同时还出现了低烧。经过查体，孩子除了腹部有轻微压痛以外，没有其他明显的异常体征。但孩子的精神不太好，有些萎靡。在医生反复询问后，妈妈提到前一日孩子曾经生吃过一个从冰箱冷藏室直接拿出的西红柿，并且没有经过清洗。经过辅助检查，提示孩子存在细菌感染，经过口服抗生素和肠道黏膜保护剂，孩子在1周左右痊愈。

夏季是腹泻高发的季节，其中发病原因也比较复杂，包括感染性腹泻和非感染性腹泻。典型的夏季腹泻是指由于细菌感染导致的腹泻，但由于病毒感染和饮食不当造成的腹泻也大大增加，腹泻严重时可导致脱水和电解质紊乱，那么，如何做好夏季腹泻的预防？孩子患病后又该如何护理呢？

全面了解细菌性腹泻

腹泻的原因可以分为感染性、非感染性和食源性，其中感染性腹泻常分为细菌感染和病毒感染，非感染性腹泻的原因包括全身慢性疾病或肠道局部的慢性疾病，食源性腹泻可见于各种原因导致的胃肠道功能下降，如食物过敏和不耐受、季节因素导致的消化不良、喂养因素或精神因素引起的胃肠道功能紊乱等。因此，一旦出现腹泻，应首先根据喂养史、食物接触史，以及临床表现来判断腹泻的原因，才能有效进行对症治疗。

由于季节不同，常见的引起腹泻发生的原因也有所不同，典型的夏季腹泻就是指由于病原细菌经口进入胃肠道，引发感染导致的腹泻，病原包括大肠杆菌、痢疾杆菌、伤寒（副伤寒）杆菌、阿米巴原虫，以及其他一些可以导致腹泻的细菌。但随着全民卫生意识和预防医疗技术水平的提高，上述疾病在儿童中的发病率已明显下降，而由于病毒感染导致的腹泻，在夏季也时有发生，如轮状病毒、诺如病毒等。无论是细菌感染还是病毒感染，都可以表现为起病急骤，常常伴随不同程度的发热，消化道的症状可有食欲不振、呕吐、腹痛、大便次数明显增多且性状改变，全身症状有精神萎靡、哭闹不安、全身肌肉酸痛等。和病毒性腹泻比较，细菌性感染引起的全身中毒症状都比较严重，包括发热、肌肉酸痛、精神萎靡，大便也可见大量黏液，甚至出现脓血便。

确诊细菌性腹泻的“金标准”是大便培养，但由于标本的取材要求非常严格，同时出结果报告的时间需要2~3天，因此，除特殊需要外，临床上的诊断主要依靠病史询问、体格检查和简单的辅助检查。在细菌性腹泻病例的病史中，常常会有可疑不洁食物的摄入，或与其他腹泻患者的密切接触甚至共用餐具进餐，临床表现以高热、腹痛、腹泻为主，处理不及时会出现脱水和电解质紊乱，便常规检测可见大量白细胞，甚至红细胞，血常规检测白细胞可轻度增高或明显增高。

对于细菌性腹泻的治疗原则是控制感染、退热、保护肠道黏膜，以及补充电解质液防止脱水。由于脱水和电解质紊乱是腹泻时常见的并发症，如不能及时纠正，可导致呼吸循环衰竭，严重者有可能危及生命。因此，对于细菌感染性腹泻，在选用敏感抗生素控制感染的同时，治疗的关键是根据生理需要量和累计丢失量，补充电解质液。

寒战时保暖，体温高时散热

夏季，由细菌感染导致的腹泻，往往会出现高热，甚至伴有寒战。针对这样的情况，要注意当孩子体温快速上升出现寒战时，应对其采取适当保暖措施，建议室温保持在28℃左右，当体温超过39℃时，应适时调低环境温度，室温降至25℃左右，利于其自身的体温调节，避免由于散热不良，导致高热持续，诱发热性惊厥。

用好口服补液盐，预防脱水，把好病从口入关

细菌感染性腹泻的传播途径就是手口途径，因此应把好病从口入关，家庭成员要勤洗手。带孩子在户外活动或在公共场所聚餐，要提醒他餐前洗手，甚至随时给他清洁双手。当孩子出现腹泻时，饮食原则是尽量控制除母乳和配方奶以外的高蛋白食物摄入，同时还应减少含较粗纤维的蔬菜、水果等食物。

腹泻时，最重要的是要做好补充电解质液。可以把口服补液直接用温水冲调后给孩子服用，建议少量多次；为了让孩子易于接受，也可以把口服补液调入米汤；当口服补液服用困难，孩子出现频繁呕吐，尿量减少时，应及时考虑静脉补液。

患儿排泄物应消毒后密封丢弃

对于明确诊断的感染性腹泻，应正确消毒和清理患儿的排泄物，以避免病原扩散传播。当孩子腹泻或呕吐时，应先用含氯消毒液喷洒排泄物或

呕吐物，10分钟后再用清洁的湿抹布擦净，并将用过的抹布放入密封袋内丢弃。有患儿粪便的尿布也应在喷洒消毒液后密封丢弃。同时建议清理患儿排泄物时戴一次性手套，清理后将手套同时密封丢弃。对于确诊为需上报的感染性腹泻病例，排泄物应按照规定，统一消毒处理，不要随意丢弃。日常进餐应采取严格的分餐制，饭后将患儿的餐具进行消毒。

患病期间不宜外出，不在公共场所呕吐、排便

患细菌感染性腹泻的孩子，患病期间应居家休息，不建议外出，对于一些传染性极强的感染性腹泻，应严格居家隔离。在疾病恢复期，也不建议和其他孩子密切接触，避免交叉感染。一旦需要外出，如就医，当患儿在公共场所出现呕吐、排便时，需要按照规范的消毒要求处理好排泄物或呕吐物，以免在公共场所造成病原的扩散、传播。

温馨提示：肠道黏膜保护剂的正确服用方法

经常听到腹泻患儿的父母抱怨给孩子服用肠道黏膜保护剂治疗效果不理想，其实是服用的方法不正确，影响了药物的作用。正确的服用方法是，将药粉调成稀糊状，尽量在孩子空腹至少两小时后给他服用，且服药后半小时内不要进食任何食物，同时更不要服用其他药物，否则，不但会影响肠黏膜保护剂的作用，也会大大降低肠道对其他药物的吸收。

痱子和湿疹有什么区别？孩子起了痱子该怎么处理？

家里8个月大的女儿身上起了一些小红点，父母以为是痱子，就自行给孩子用了一些治疗痱子的外用药膏。没想到，几天过去，小红点不但没有减少，反而还越来越严重了。于是，父母带孩子去医院看门诊。经过检查，医生判断孩子身上的小红点不是痱子，而是湿疹。同时，医生解释说痱子和湿疹的处理手段是完全不一样的，如果处理不当，不但湿疹不会顺利消退，同时，还有可能会造成症状加重，甚至由局部感染导致全身感染，因此，遇到这种情况，建议不要自己处理，应及时就医以正确区分，合理用药。

全面了解热痱和湿疹的区别

夏季是痱子高发的季节，痱子的学名叫作热痱，顾名思义，就是由于热导致的皮肤问题。痱子产生的根本原因是幼儿皮肤薄嫩、汗腺不发达、排汗不通畅，造成汗液渗入皮下引起汗腺周围皮肤炎症。

痱子的主要表现为局部皮肤丘疹水泡，痛痒感明显，由于搔抓可以继发皮肤感染，严重时可导致局部脓肿、蜂窝组织炎或淋巴管炎。

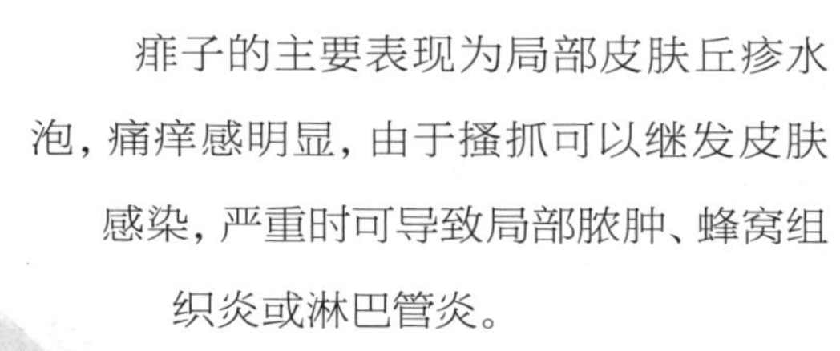

区分热痱和湿疹具体见下表。

这样区分热痱和湿疹

项目	热痱	湿疹
季节	夏季	一年四季
部位	好发于汗多同时汗液不易排出的部位，如皮肤皱褶较多的腋下、腹股沟和颈部	可以在全身各个部位出现
表现	出现在汗腺周围的丘疹或水泡，瘙痒明显，如皮肤破损继发感染，可有皮肤红肿，表面皮温增高	皮疹的表现形态多样，分布与汗腺无关，可有瘙痒，皮疹集中的部位常见抓痕
伴随症状	皮疹，局部的瘙痒或者继发感染	可能伴随有吐奶、腹泻、腹胀、哭闹不安甚至发育落后等

对于热痱的处理，首先要保持适宜的环境温度和湿度，建议居室温度不要超过28℃，湿度不宜超过60%，定时通风。对于皮疹可局部应用炉甘石洗剂止痒，在外用炉甘石洗剂之前要彻底清洁皮肤，去除热痱表面残留的汗腺及污垢。皮疹破溃后应用含有抗菌成分的药膏控制感染，如皮疹周围皮肤出现大范围红肿，或出现体温升高，应及时带孩子就诊。

贴身吸汗，皱褶处暴露

婴幼儿夏季穿衣原则除了根据环境温度及时增减，还要为他选择贴身、吸汗功能良好的衣服。同时，皮肤皱褶较多处要尽量暴露，比如腋下、颈部和腹股沟等处，衣服的材质应尽量柔软，避免粗硬摩擦皮肤。

增加粗粮，多吃黄色或深绿色蔬菜水果

对于已经规律地添加辅食的幼儿，主食中要适当增加粗粮，在膳食营养素中，B族维生素、维生素A对维持皮肤的正常功能又有很重要的作用，这两类维生素广泛地存在于粗粮、黄色或深绿色蔬菜水果中，因此，在夏季可以给孩子适当增加这类食物的摄入。

做好室内降温、除湿

夏季，居室内应做好降温和除湿，温度不高于28℃，湿度不高于60%，同时要做好开窗通风，保持空气流通。日常生活中，可以适当增加给孩子洗澡的次数，做到随脏随洗。洗澡用清水即可，水温在35~37℃。洗澡时应重点清洗皮肤皱褶较多处，把皱褶内的污垢彻底洗净。洗澡也应注意皮肤皱褶处要尽量擦干，夏季应用的护肤品要尽量稀薄，避免黏稠。

环境湿度大于80%时尽量避免户外停留

夏季，婴幼儿外出活动除避开高温时间外，还要注意环境湿度，当环境湿度过大，如超过80%，应尽量避免在户外长时间停留，建议停留的时间不超过1小时，且尽量选择通风处。外出活动时，可以随身携带干燥吸汗的软毛巾，为孩子及时擦拭汗液，主要擦拭皮肤皱褶较多处。

温馨提示：如何正确使用痱子粉

很多父母选择用痱子粉预防热痱，这是完全可以的，但应正确使用痱子粉，否则可能会对局部皮肤造成损伤。正确的使用方法是，使用前应清洁婴幼儿皮肤上的污渍和汗液，清理后彻底擦干水，然后涂抹痱子粉。注意不要大量涂抹，薄薄一层即可，涂抹后需随时注意，如局部痱子粉形成粗硬的颗粒，须马上清理，洗净擦干后，可以再次涂抹。

孩子被蚊子叮咬起包后，奇痒、红肿、哭闹……怎么办才好？

3岁的儿子被蚊子叮咬了，妈妈给他抹了药膏来止痒，但没过一会儿，儿子身上的皮疹逐渐增多，他不停地哭闹。妈妈带他去医院看医生，经过检查，医生判断孩子是患了由于蚊虫叮咬后出现过敏反应导致的虫咬性皮炎，除了要在皮疹局部用药外，还需给予口服药物治疗。

全面了解蚊虫叮咬和虫咬性皮炎

蚊虫叮咬是北方夏季常见问题，在四季不分明的热带和亚热带，一年四季都会存在。由于蚊子的品种很多，唾液或毒液中所含病原体和抗原也不同，因此，被蚊虫叮咬后出现的反应也不同。我们所熟知的登革热、疟疾、黄热病和流行性乙型脑炎，都是由于被携带了病原的蚊子叮咬后感染所致。

蚊子不仅是传染性疾病的中间宿主，其唾液中含有的抗原，还会引起局部皮肤的反应性炎症，表现为局部剧烈瘙痒、红肿水泡，破溃后容易继发皮肤化脓性炎症，甚至引起蜂窝组织炎和淋巴管炎，部分被蚊子叮咬后的儿童，还可能会伴发更加严重的过敏反应，出现荨麻疹，这些都是虫咬性皮炎的表现。

对于虫咬性皮炎，应以预防为主，特别是在蚊虫滋生的季节，应做好全面防护。被蚊子叮咬后，可以先用肥皂水涂抹叮咬处减轻红肿，外用炉甘石洗剂等止痒。出现周围皮肤的红肿破溃，应用抗生素药膏防止感染，如皮疹增多，红肿范围扩大，或出现发热等全身症状，应及时就诊。

儿科专家李瑛最想告诉你的蚊虫叮咬护理技巧

外出多穿长袖、浅色衣服

夏季婴幼儿外出，建议尽量穿着长衣长裤，减少皮肤裸露。因为蚊子偏爱叮咬穿深色衣服的人，因此外出时建议给孩子穿着浅色衣服。

不吃增加排汗的食物

出汗时会更加容易吸引蚊虫，因此，夏季应避免摄入高油脂、高热量食物，以既清淡又有营养的瘦肉、奶制品、鸡蛋来提供优质蛋白质，婴儿在吃奶时出汗较多，因此建议在他吃奶时，特别是母乳喂养时将居室内温度调低1~2℃，母乳喂养的妈妈在夏季也要注意自身饮食清淡。

室内防蚊用品的选择和使用

日常居室内应做好卫生清洁，特别是阴暗、潮湿处应定期清洁，避免蚊虫滋生。开窗通风的时间要避开黄昏时蚊子较多的时间段，并关好纱窗。对于儿童来说，首先，在居室内可选择的防护用品是蚊帐，其次，可以使用花露水驱蚊。由于目前国际和国内尚无统一的儿童驱蚊产品安全标准，且市售的常用驱蚊和防蚊产品，如液体蚊香等，驱蚊的有效成分中大都含有菊酯，因此，建议在使用过程中，如孩子出现咳嗽、鼻塞、喉咙刺痛、皮疹、皮肤瘙痒等症状，应立即停止使用。

外出活动前先洗澡

夏季外出，建议先洗澡再外出，洗澡后也不要给孩子涂抹带有明显香气的护肤品，皮肤上汗液较多和带有挥发性的香气，都会增加对蚊子的吸引。

试看专家视频讲解

天热孩子睡不踏实，如何能让孩子睡足？

每到夏季，在门诊室反映孩子睡眠不安的父母非常多，他们往往会描述，无论是白天还是夜晚，孩子都很难安稳地睡觉，不仅表现为入睡困难，还会在入睡后不停地翻身、手舞脚踢，甚至惊醒哭闹，而且很难安抚。父母往往会描述一个共同现象：孩子满头大汗，身上也潮乎乎的。除此之外，孩子的食欲也有所下降，白天精神萎靡，有的还会异常烦躁。

全面了解孩子睡眠问题

睡眠不足对儿童的影响很大，不仅会干扰他的正常生长发育，同时还可能导致他多动、注意力缺乏和记忆力下降，甚至出现行为异常和精神情绪问题，对智力发育及生命质量都会产生影响。

有资料显示，全球范围内儿童睡眠障碍的发生率为25%左右，有25%~50%的学龄前儿童和40%的青少年有不同程度的睡眠问题。我国北京及上海等城市的调查显示，其发生率为27%~47%。因此，睡眠问题已经成为影响孩子健康成长的重要因素。

从出生1个月左右开始形成的昼夜生物节律会伴随人的一生，睡眠的昼夜节律在5个月龄前基本完成，在婴幼儿期结束时，由睡眠到觉醒的节律基本稳定，因此，0~3岁，应该培养孩子良好的睡眠节律，为一生的健康奠定基础。大致来说，良好的睡眠包括足够的时长和稳定的深睡眠。不同年龄段，孩子的睡眠时长具体见下表。

不同年龄段孩子睡眠时长的建议

年龄段	睡眠时长
0~3个月	16~20个小时
4~12个月	14~16个小时
1~2岁	至少14个小时
3~5岁	10~13个小时
6~12岁	9~11个小时

在出生最初几周，婴幼儿睡眠通常持续2~4小时，而且没有昼夜区分；3个月后，他可以形成晚上睡觉，白天觉醒的习惯；4~12个月，他晚上能睡10~12小时，白天可以零星睡上3~4小时。6个月后，婴儿一般白天只需小睡2次；到了18个月时，大部分幼儿白天只需要睡一次觉。2~5岁儿童睡眠与清醒时间逐渐相等；学龄前儿童，一般夜间能够连续睡眠10~13小时，白天小睡0.5~3.5小时。深睡眠1小时后，生长激素的产生才逐渐进入高峰，一般是在晚上10点至凌晨1点期间，因此，在保证儿童睡眠时长的同时，还要确保他的深睡眠的质量。

婴幼儿睡眠不安的表现包括入睡困难、夜醒、夜哭和晨醒较早，导致睡眠不安的原因除自身神经因素外，还有心理因素、饮食因素、养育因素、环境因素、疾病因素等，其中夏季最常见原因是居室内不适宜的温湿度，因此，夏季应为孩子的睡眠创造良好的环境条件。

完全裸睡的害处

很多父母认为夏季天气炎热，孩子睡觉的时候出汗多，因此在睡眠时给孩子穿得越少越好，甚至是让他裸睡。其实，完全裸睡不但不会对睡眠有益，反而会严重干扰孩子的睡眠。

首先，婴幼儿皮肤汗腺少，自身排汗能力差，应贴身穿着轻薄透气的衣服，以利于汗液蒸发，调节体温。其次，如果在睡眠时，婴幼儿皮肤直接接触被褥、床单，往往会由此加重其皮肤的不适感。如果在睡眠时不加任何防护，还会因夜间排尿排便后对皮肤的刺激，大大降低睡眠质量。最后，现在很多家庭居室内都会开启空调来调节居室温度，因此，婴幼儿裸睡容易着凉。

睡前两小时不宜进食过饱

夏季饮食原则是多吃既清淡又易吸收的营养食物，少吃高油、高糖等产热量较高的食物。同时，为了避免食物消化对睡眠的干扰，建议在婴幼儿入睡前两个小时内，不宜让他进食过饱，特别是不应进食热量较高的食物，在下午6点前应完成晚餐，睡前可以少量进食。如睡前进食过多，食物在消化过程中，会产生较多的热量，加重自身燥热，同时排便、排尿增多，导致睡眠不安。

睡眠时，室内温度要低于日间温度

适宜的睡眠环境温度是很重要的，一般建议睡眠时卧室温度应低于日间居室温度，理想的温度是20~25℃，身体周围温度应不高于28℃。环境湿度太大或过于干燥均不利于睡眠，适宜的环境湿度为50%~60%。卧室内的光线对幼儿的睡眠影响也很大，在光线较暗的环境中比较容易入睡，如果黑暗会让孩子产生不安全感，可以在卧室开盏小灯，由于日光而导致婴幼儿早醒，可在室内加挂遮光窗帘。

较多的户外活动会影响孩子睡眠

心理因素也是影响婴幼儿睡眠质量的重要因素，由于神经系统发育不完善，导致他兴奋容易，抑制难。因此，户外活动时或者是睡前比较兴奋的活动，都会导致孩子入睡困难，而且入睡后，深度睡眠维持时间也会较短，因此建议夏季应合理安排孩子的户外活动，每天以两个小时左右为宜，且建议避开睡眠前，特别是睡眠前两小时内，不应进行剧烈活动。夏季午睡时间也不要太长，否则会直接导致夜晚入睡困难和睡眠不安，下午3点前应结束午睡。

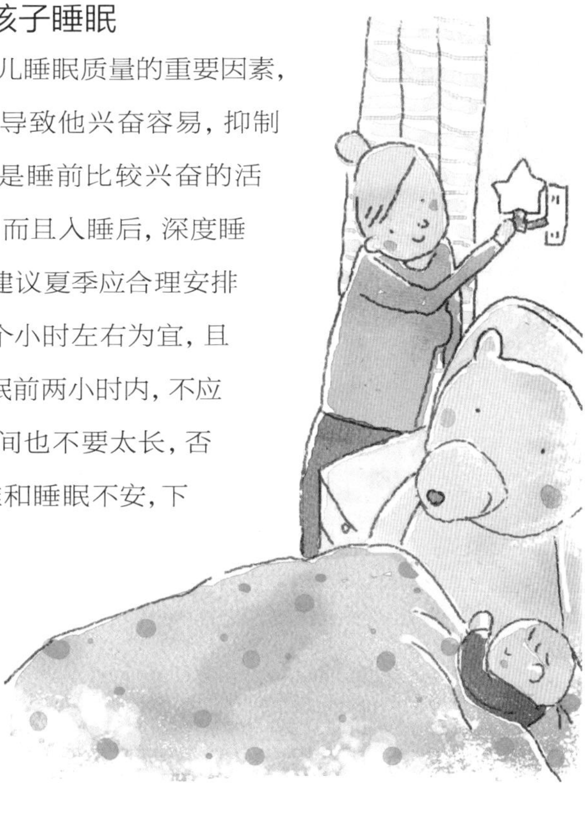

孩子睡觉总被热醒，还出一身汗，空调能不能开？

每到夏季，很多父母会纠结空调到底能不能开。不开，孩子睡觉的时候总是被热醒，头上、身上都是汗；开，又担心他着凉生病。由此，导致婴幼儿出现一系列问题，睡眠不安、食欲下降、烦躁易哭，甚至生病。夏季，在门诊室接诊儿童急性上呼吸道感染时，医生经常会发现，不合理使用空调，是很多孩子发病的诱因，包括空调温度过低、长时间开启空调等。

全面了解“空调病”

夏季空调的不合理使用，会对婴幼儿机体造成伤害，会造成其机体免疫力下降，进而身体出现问题，出现“空调病”。“空调病”并不是一个专业的医

学名词，而是指由于空调使用后引发人体不适的所有表现，涉及呼吸道、胃肠道和肌肉关节，在适应和调节能力较差的老人和儿童中较常见。原因包括环境空气干燥造成的呼吸道黏膜阻挡和清洁功能下降，通风差造成的致病微生物滋生，温度过低造成体表和胃肠道的血管收缩、消化能力下降、肌肉酸痛等。

当幼儿出现由空调引起的相关症状时，一般表现有发热、咳嗽、流涕、进食少甚至呕吐或腹泻、腹胀、腹痛、哭闹不安等。“空调病”应以预防为主。一旦出现症状，应对症治疗，应用药物控制发热，保证休息和睡眠，婴儿可以增加母乳喂养次数，幼儿饮食应温热软烂，如果出现大量呕吐或腹泻，可先口服补充电解质液，出现尿量减少、精神萎靡等脱水表现时，应立即带孩子就诊。

儿科专家李瑛最想告诉你的“空调病”护理技巧

开空调后也要注意穿衣保暖

夏季开启空调后，不应忽视“保暖”，建议日间环境温度在25℃左右时，幼儿最好穿着轻薄的短袖和长裤。夜间睡眠时卧室温度比白天居室偏低，因此在睡眠时，同样要注意给孩子穿上具有一定保暖作用的轻薄贴身睡衣，特别应注意腹部的适度保暖。可以通过以下简单方法来判断穿衣是否合适：白天，手脚温凉，活动及吃奶时无大汗；夜晚，手脚温暖，头部无汗。

吃饭时空调温度稍高，喂奶时空调温度稍低

夏季饮食除避免生冷外，还应建议在空调开启后，按照孩子日常饮食作息随时调节温度，当幼儿吃饭时，空调温度可暂时调高1~3℃，避免吃饭过程中食物过快变凉；对于母乳喂养的婴儿，喂奶时可将空调温度暂时调低1~3℃，因为此时妈妈的体温会影响婴儿自身散热。夏季空调开启后，对于已经开始添加辅食和正常饮食的幼儿，可以每天给他适量补充温开水。

记得做好室内通风

夏季到来之前，应彻底清洁空调滤网，避免大量灰尘堆积，导致病原微生物、尘螨等滋生；应避免连续24小时开启空调；应定时开窗通风，适宜时间是每天上午10点之前和下午4点以后，每次10~15分钟。孩子停留在居室内，不要让其正对空调出风口，应将空调的出风量调到最低。维持室内湿度60%左右，当湿度过大时，可开启空调除湿功能，湿度过低时，应适时增加室内湿度。

外出前后的空调怎么办

夏季幼儿外出前后的空调温度调节，应结合户外温度和其自身调节适应能力，一般来说，婴幼儿对于温差变化适应的范围是5℃，当户外温度过高时，建议外出前先关闭空调，开窗通风，缩小室内外温差。返回时，应先将空调温度设置为比户外温度仅低5~8℃，然后再慢慢调低空调温度。当孩子由高温的户外进入室温较低的室内或车内，应及时给他穿上事先准备好的外套。

天热，孩子食欲不振怎么办？吃什么能给孩子清热解暑？

夏季天气炎热，很多妈妈发现，随着盛夏的到来，孩子越来越不爱吃饭了，面对一桌子精心准备的食物，他毫无胃口。来门诊就诊的幼儿，还会表现出腹胀、轻度腹泻，让妈妈们非常担心的是，这种症状会持续数周不缓解，甚至影响了孩子的体重增长，但除此之外，孩子的精神状态很好，这让妈妈们不知如何是好。

全面了解食欲不振

食欲不振是指婴幼儿对食物需求自发性地减少，对进食没有欲望，这种情况，可以发生在身体出现疾病的时候，也可以发生在无任何疾病状态时，即为生理性食欲不振。生理性食欲不振，多由于婴幼儿自身对环境干扰的调节适应能力差，比如当环境温度、湿度超过自身适应范围时，当看护照顾不适合其自身状态时都会导致消化能力下降，甚至一些心理情绪因素，也会使其对食物的兴趣大大降低。

在夏季，最常见的原因是环境因素，高温、高湿的环境会让婴幼儿机体进行自我调节去应对，此时的消化能力会有所下降，这是一种正常的生理现象，当温、湿度改善后，这种现象就会消失。当然，如果温、湿度过低，也同样会有影响。

此外，不适宜的养育看护因素也是常见原因，如强迫婴幼儿进食、婴幼儿边吃边玩、进食前运动过多、睡前进食过饱等，都会导致婴幼儿对食物失去兴趣。情绪因素对婴幼儿食欲影响也很大，比如，进食时遭父母呵斥、睡眠不安、看护人改变、住所改变等。因此，在夏季，除了应保持居室适宜的温、湿度以外，还应从保证睡眠、培养良好进食习惯、合理作息等方面，解决婴幼儿食欲不振问题。

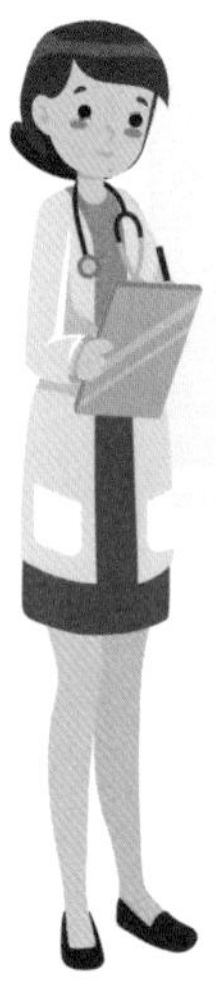

儿科专家李瑛最想告诉你的缓解儿童食欲不振的技巧

吃饭的时候应鼻尖有汗，头颈部无汗

吃饭时，穿衣不合适也会影响婴幼儿进食。夏季环境温度较高，婴幼儿自身散热能力差，很容易导致自身体感的温度更高。同时，由于空调的使用又造成了温差，因此必须适时增减衣物。是增是减，可以依据吃饭或吃奶时，孩子是否鼻尖有汗、头颈部无汗来决定。户外运动时，出汗较多，衣服的选择应轻薄透气，吸水性好，利于汗液的排出，同时应及时给婴幼儿擦干汗液。

如何掌握食物的温度，冰激凌能不能吃？

夏季进食应掌握好食物的温度，可以在吃饭的时候，把室内空调温度暂时调高1~3℃，避免食物温度降低过快。夏季应该避免让孩子一次性大量进食生冷食物，1岁以内开始添加辅食后，应尽量避免食用直接从冰箱内取出未经加热的食物，1岁以上，可以少量进食，如酸奶、果汁等，当然，也可以少量尝试冰激凌，但应注意当孩子已经腹胀、腹泻时，就不建议食用了。

夏季进食，既要注意不要让食物温度过低，同样也不宜过热，食物过热会让婴幼儿在进食过程中大量出汗，影响食欲，比如可以适当降低配方奶温度，冲调后在室温放置，温度稍低后再喝，刚刚煮熟的食物也应放置稍凉后再让孩子进食。在食物的选择上，可以根据食材的不同颜色，制作成不同形状来引起孩子对食物的兴趣。此外，还可以给孩子自制一些有清凉解暑功效的食物，如绿豆百合粥、冬瓜银耳汤等。

周围环境嘈杂干扰多，孩子吃饭受影响

进食时的氛围对食欲的影响也是很大的，良好的进餐氛围应该是安静舒适、光线明亮的；全家共同进餐，不应让孩子单独进餐；避免电子产品和玩具吸引的干扰，避免说笑、打闹和呵斥，父母应共同为孩子营造良好的进餐氛围。同时，还应注意，居室周围的环境过于嘈杂，也会对孩子的食欲产生影响。

外出与正餐时间间隔至少半个小时

夏季幼儿户外活动时间较多，过多的户外活动会打乱进食和睡眠规律，也会影响孩子的食欲。建议正餐前应提前结束活动，进食前半个小时应避免运动过多，同样，正餐结束半个小时以后，再带孩子外出。运动后马上进食，不但会影响孩子对食物的兴趣，同时由于没有充分休息，会影响胃肠道对食物的消化和吸收，极易出现腹胀、腹泻等症状。

秋季篇

秋天，气候干燥，及时“补水”，远离“秋燥”。

秋天来啦，谨记这些要点，养儿不烦恼

1 合理锻炼孩子对寒冷气候的适应能力，过程中要注意保持孩子手暖，腹暖，前额、前胸微凉。

2 孩子食欲相应增加，要注意避免突然增加饮食量，同时避免高油脂、高糖分食物。

3 主食要有一定量的粗粮和豆类，蔬菜水果的摄入量应稍多于鱼、肉、蛋类。

4 蔬果选择应应季新鲜，水果含糖量不宜过高，要多汁爽口。

5 在烹饪过程中，蔬菜不要切得过于细碎，也不要过度加热。

6 秋季气候干燥，孩子容易出现口鼻干燥、皮肤发干、大便干结的情况，应根据孩子的年龄和饮食结构，保证每日的水分摄入，同时居室环境保湿和婴幼儿皮肤的保湿也很重要。

7 适当减少孩子洗澡次数，洗澡时水温不宜过高，同时，应使用保湿效果好的润肤霜。

8 轮状病毒肠炎是秋季高发肠道病毒传染病，应积极预防，如患病应注意在对症处理的同时预防孩子脱水，一旦出现尿量明显减少、皮肤弹性差、精神差等情况，应及时带孩子就诊。

9 流感预防从秋季开始，除了在日常养育中注意锻炼孩子身体对疾病的防御能力之外，还要给他接种流感疫苗。

10 照顾患病的孩子，遵医嘱，合理用药，对他进行密切观察，一旦出现就医指征，应积极就诊。

11 预防秋季常见病，吃新鲜蔬果，保证营养全面，养成良好卫生习惯，室内勤开窗通风。

孩子得了轮状病毒肠炎如何护理？多久能好？

一个来医院就诊的小患者在参加了小朋友的生日聚会后开始腹泻。妈妈很清楚地记得，3天前，带孩子参加了一个好朋友的家庭聚会，其间听到一个2岁左右孩子的妈妈谈到自家宝宝这两天有腹泻的情况，当时并未在意。她带孩子就诊前一天，孩子出现了低热，呕吐两次后出现了稀水样大便，一天之内大便的次数已达10次，同时，排便前孩子有阵发性哭闹，进食很少，尿量也比平时减少了。经过对孩子大便检测，结果为轮状病毒抗原阳性，结合病史和体格检查，确诊为轮状病毒肠炎，也就是俗称的秋季腹泻。孩子已经有轻度脱水的表现，如不及时补液，则有可能出现酸中毒和电解质紊乱。经口服补充电解质液，给予肠道黏膜保护剂和益生菌制剂等治疗，孩子的病情逐渐好转，一周内，腹泻明显减轻了。

全面了解轮状病毒肠炎

轮状病毒肠炎是轮状病毒感染引起的急性肠道传染病，高发季节是每年10月到次年3月，高发年龄是6~24个月，因此该病又称婴儿秋季腹泻。病毒的急慢性感染者是传染源，传播途径是手、口和密切接触，通过消化道传播。

在接触病毒后，发病前，可有2~3天的潜伏期，然后出现急性腹泻，典型的大便表现为每天10次左右的水样便，有的甚至达到20次，同时还会有腹痛、腹胀、呕吐等表现，除胃肠道症状外，还有很多病例合并全身表现，如发热、轻微的呼吸道症状（如流涕、轻咳等）。

轮状病毒感染是自限过程，一般病程为5~7天，大部分病例为轻症，但在腹泻剧烈时，有半数孩子会并发程度不等的脱水，严重时出现电解质紊乱。

如果孩子出现囟门凹陷、眼窝凹陷、皮肤干燥且弹性差，甚至哭时无泪、少尿、精神萎靡等，应及时带他就诊。结合发病季节、年龄及病史和典型的消化道症状，经大便轮状病毒抗原检测，对于该病的诊断并不困难。

经确诊后，治疗原则以止泻、保护胃肠道、对症处理全身症状、防治脱水和纠正电解质紊乱为主，应及时隔离孩子至腹泻缓解，做好日常护理，一旦孩子出现脱水指征应及时就诊。在疾病的流行季节，应对高危人群做好预防。

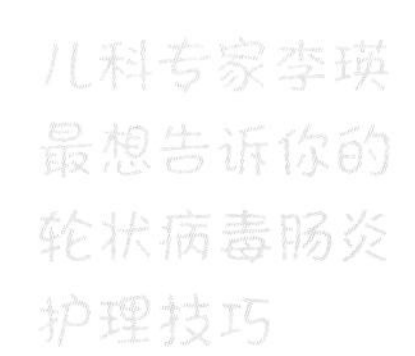

正确处理患儿的衣服、尿布

确诊轮状病毒肠炎后，患儿应居家隔离，建议衣物和健康人的分开清洗，特别是体弱多病的老人和婴幼儿。衣服分开清洗后，应在通风良好处晾晒。由于患儿粪便和排泄物中存在大量病毒，因此尿布不应随意丢弃，应放入密封的塑料袋内丢弃。对于便盆或马桶内的粪便，应先在粪便上覆盖一层消毒液，停留数分钟后再冲掉，对于患儿的呕吐物，应在上面喷洒消毒液后再清理。

孩子一吃奶就排便，母乳还能喂吗？

患病期间，可以继续母乳喂养，对于人工喂养的孩子，应使用去乳糖配方粉喂养。已经开始吃辅食的孩子，应尽量减少蛋白质，如肉、蛋、鱼类摄入，减少含膳食纤维较多的食物，如芹菜、红薯等。

很多孩子食欲差甚至呕吐，建议此时不要强迫他进食，可以口服补充电解质液，来预防和纠正轻度脱水。口服补液的原则是少量多次，足量补充，可以用温水，也可以用米汤水冲调。当孩子出现严重呕吐而无法进食水，同时又合并尿量明显减少、精神萎靡等情况，应及时带他就诊。

自觉隔离，不接触其他小朋友

确诊后，应及时居家隔离，不再接触其他婴幼儿或体弱多病的老人，隔离应持续到孩子体温正常和腹泻明显好转，同时家庭成员应规范洗手，特别是在接触孩子前后，以及接触其排泄物后。分餐进食，孩子的餐具应消毒，定期开窗通风，室内的物表和地面应及时清洁。

精神状态允许，可进行短时间户外活动

患病急性期，不建议带患儿外出，待体温稳定、精神好转、没有频繁呕吐、腹泻次数也逐渐减少后，可以进行短时间的户外活动，但最好不要让孩子近距离接触其他婴幼儿。在公共场所应带好纸尿裤，不要让孩子随地便溺。疾病恢复期间，孩子外出活动时间不宜过长，避免疲劳。

温馨提示：接种疫苗积极预防轮状病毒感染

世界卫生组织明确建议，对于轮状病毒感染，建议口服减毒活疫苗进行针对性预防，预防接种是目前预防轮状病毒感染的唯一特异性的有效手段，经临床验证，接种后在第一个疾病流行季节，对严重轮状病毒感染的保护率平均为98%，在第二个流行季节的保护率为88%。因此建议对于符合接种年龄和条件的婴幼儿，都应积极进行接种，以预防严重感染。

诺如病毒肠炎是否可怕？跟轮状病毒肠炎有何区别？

一位妈妈带着一个4岁多的小朋友来就诊，孩子在去幼儿园的途中发生了呕吐。其实孩子在前一天夜里已经吐过两次，早晨起床后，有一次偏稀的大便，但孩子的精神状态很好，于是妈妈坚持送孩子到幼儿园。进园体检时，老师发现孩子的体温有轻度增高，在得知孩子有呕吐、稀便的情况后，马上建议带孩子就医。孩子来到门诊室时，体温在38℃左右，妈妈描述除呕吐3次和1次稀便外，没有其他异常表现。经过查体，孩子也仅仅有咽部轻度充血，但便常规检测结果为诺如病毒抗原阳性。经诊断，这是个典型的诺如病毒肠炎病例，在居家休息、饮食护理及口服补液盐治疗后，孩子未出现严重并发症，在发病的第五天，症状基本消失。

全面了解诺如病毒肠炎

诺如病毒引起的急性感染一般会侵袭胃肠道，出现发热、呕吐伴随腹泻等表现，由于传播速度快，也被称为“胃肠流感”。

诺如病毒感染全年均可能出现流行，发病会在学校、医院、幼儿园、旅游区等集体机构以暴发形式出现。

病毒传染性强，所有人群均易感染，传染源为患病者、隐形感染者和健康携带者，在发病前至康复后2周，均可在粪便中检测到诺如病毒，但患病期

和康复后3天内是传染性最强的时期。

手、口途径是诺如病毒的主要传播方式，也可以通过污染的水源、食物、物品、空气等传播，患者的呕吐物和粪便在自然界中污染水或间接污染食品，很容易造成暴发。感染的途径一般为食用或饮用被诺如病毒污染的食物或水；触摸被诺如病毒污染的物体或表面，然后将手指放入口中；直接接触诺如病毒感染患者，如日常照顾与患者分享食物或共用餐具等。

孩子感染诺如病毒后，潜伏2~3天后突然发病，主要症状为恶心、呕吐、腹痛和腹泻。孩子呕吐症状普遍存在，腹泻次数一般为每天4~8次，稀水便或水样便，无黏液脓血，便常规检查可以是正常，有的孩子仅仅表现为呕吐症状。此外，头痛、低热、寒战和肌肉痛也是常见症状，严重者会合并脱水和电解质紊乱。

诊断依据是流行季节、病例接触、临床表现，并可结合大便病毒抗原检测阳性。诺如病毒肠炎病程多为3天左右，且多为轻症。由于诺如病毒感染尚无特效药物治疗，因此患病期间以补充足够的水分预防脱水为主，严重脱水时应及时静脉补液，且在患病急性期应至少隔离3天，或至症状消失。对于诺如病毒感染的预防是加强以预防肠道传染病为重点的宣传教育，提倡喝温开水，不吃未经加热煮熟的食物，生吃瓜果要洗净，饭前便后要洗手，养成良好的卫生习惯。

儿科专家李瑛最想告诉你的诺如病毒肠炎护理技巧

被呕吐物或排泄物污染的衣物应消毒后再清洗

孩子的衣物，特别是被呕吐物和粪便污染的，应使用含氯消毒液消毒后再清洗，并与健康人的分开清洗，清洗后在通风处晾干。孩子的呕吐物和排泄物在清理之前，也建议在局部喷洒含氯消毒液，停留10分钟后再清理。带有粪便的尿不湿必须放置在密封袋中丢弃。清理者最好戴一次性手套，清理完毕用皂液流动水严格洗手。日常预防应注意个人卫生，从公共场所回家后，应及时更换衣服。

呕吐为主的孩子应小口喝水，少食多餐

患儿的饮食以少食多餐为原则，以呕吐为主的孩子更应避免一次性大量进食或大口喝水。首选以口服补液盐经口补充电解质液，预防脱水，少量多次，以不再出现呕吐、尿量维持正常水平为最佳效果。一旦出现大量频繁呕吐，经口补液困难，同时患儿出现尿量减少，或精神萎靡、嗜睡等情况，应及时就医，考虑是否需要静脉补液。

居室地面、物表也要做好消毒

孩子的居住环境内一定要注意居室、地面和物品表面的常规消毒，建议用含氯消毒液，一日两次擦洗地面和物品表面，同时，居室内应该开窗通风。家庭成员要规范洗手，严格执行分餐制，孩子的餐具要进行常规消毒。

居家消毒餐具的方法是，将餐具放入沸水中，连续煮沸10~15分钟，即可达到消毒的目的。

不宜外出，避免在公共场所出现呕吐

合理安排孩子的外出时间，在患病期间，特别是呕吐症状明显的时候，不建议外出，目的是避免孩子在公共场所呕吐，清理不规范，造成病毒随气溶胶传播，或污染水源和其他物品。当呕吐明显缓解、精神好转、体温正常后，可进行短时间户外活动，但应以不让他感到疲劳为宜。

温馨提示：注意手卫生，预防诺如病毒感染

预防诺如病毒感染，手卫生方面必须做到以下几点：

- 洗手方法为以规范的七步洗手法用皂液加流动水洗手，至少20秒。
- 不建议使用消毒纸巾和免洗的家用洗手液代替标准洗手。
- 未经洗手不应直接取食食物。

![QR code]

试看专家视频讲解

孩子便秘反反复复，我该怎么办呢？

一个2岁多的孩子，几个月内反复出现大便干结，特别是在进入秋季以后，排便更加困难，经常三五天，甚至超过一周都无法自主排便，需要父母帮助，比如口服药物，使用开塞露，经过干预排出的大便干硬呈小球状或颗粒状，同时孩子会伴随着非常严重的排便疼痛，已经出现了大便时肛门局部黏膜出血，大便混有血丝的情况。

经过对日常膳食结构、饮食习惯及养育方式的询问，医生发现，孩子日常饮食构成缺少多样性，膳食中，主食所占比例偏高，且以白米饭、白面馒头为主，孩子非常爱吃排骨，父母日常准备的饮食经常是白米饭加排骨，蔬菜水果很少，用果汁代替了水果。而父母特别困惑的是，他们每天会给孩子喝足够的水，为什么还会出现便秘呢？

全面了解便秘

《中国慢性便秘诊治指南》中，将便秘的表现定义为，排便次数减少，粪便干硬或（和）排便困难，排便次数减少指每周排便少于3次。排便困难包括费时、费力、排出困难、排便不尽和需其他手法协助排便。

便秘和腹泻一样，是一种肠道功能异常的表现，但对于婴幼儿来说，应准确判断他是否为严格意义上的便秘，如果仅仅表现为排便周期较长，但排出的大便性状良好，且孩子没有任何不舒服的表现，则极有可能是正常生理现象，这往往与肠道蠕动慢，或进食量少有关。

即使孩子每天均有排便，而且每天排便次数正常，但如果大便干硬呈颗粒状，同时伴随排便困难，排便哭闹，便中带血丝等，也应考虑这是由便秘引起的。出现这种情况的原因包括婴幼儿自身胃肠道功能发育不完善，不合理的膳食结构和不良的养育及喂养方式，导致粪便较长时间停留在肠道中，粪便中的水分被反复吸收，引起粪便干结、粗硬，很难排出。

此时如果仅仅让孩子大量喝水，经肠道进入的水分会大量迅速被吸收进入体液，极少量会停留在肠道，对于缓解便秘不会起到很好的效果。

对于暂时性便秘，建议以预防为主，包括：

- **避免食物过于精细，保证有一定数量的粗粮和蔬菜、水果。**
- **加强体育锻炼，特别是翻、爬、跑、跳等大运动锻炼。**
- **每天提醒孩子排便，养成良好排便习惯。**

当便秘持续时间较长，孩子因此出现排便痛苦、大便带血、食欲下降、腹胀等情况时，可以应用口服药物干预，同时以开塞露、甘油局部刺激，协助排便。

儿科专家李瑛最想告诉你的便秘护理技巧

慢增慢加，保持手脚温凉

大量水分经皮肤和呼吸道流失，也是便秘产生的原因，特别是在环境过于干燥的秋季，应从穿衣入手，一定要坚持“慢增、慢加”的原则，避免因过度保暖造成经皮肤散失水分过多，导致肠道内水分缺乏。所谓“慢增、慢加”也应注意合理操作，既要保证孩子手脚温凉，又要避免头颈、脊背有汗。汗出时，应及时擦干，再减少衣服。

多吃含较粗纤维的食物，少吃水分少、口感偏甜的水果

饮食方面，除了合理搭配一日三餐，一旦孩子出现暂时性大便干结，应增加含较粗纤维食物的比例，比如

粗粮，并增加蔬菜和水果的摄入。在水果的选择上，应避免水分较少、口感偏甜的品种。水果和蔬菜的比重，应高于主食和禽、蛋、肉类。同时应注意，某些食物会加重便秘，如土豆、芋头、没有熟透的香蕉等。

养成排便习惯，避免排便恐惧

在日常养育中要注意让孩子养成良好的排便习惯，排便的完成，需要大脑将排便信号传递给肠道，形成排便刺激，婴幼儿常常因贪玩或排便疼痛引起的恐惧，导致排便信号传递受阻，长此以往，会形成习惯性便秘。建议每天定时让孩子进行排便，时间是早饭后1小时。对于严重便秘的孩子，可以用开塞露协助大便排出，避免因为大便刺激肛门产生剧烈疼痛，而使孩子对排便产生恐惧。

外出活动前或活动后及时提醒孩子排便

孩子常常会因为贪玩而抑制排便，尤其在玩耍时，孩子情绪兴奋，会严重干扰排便信号的刺激，从而错过排便的最佳时间，特别是对于已经出现便秘表现的孩子而言，建议父母应在孩子外出活动前，提醒他完成排便，或在活动后及时提醒他排便。

宝宝手背、前臂皮肤出现红疹，瘙痒脱皮……原来都是皮炎惹的祸

一个3岁左右的孩子，被妈妈带到门诊室，原因是最近两天，孩子手背上冒出了密密麻麻的皮疹，有的还有小水泡，妈妈带他去社区接种疫苗，接诊医生告知需排查皮疹性质，暂时不予接种。医生同时注意到，面前的孩子非常烦躁，一直在不停地抓挠手背。皮疹集中的位置，已经有抓痕破溃。经过简单询问，医生得知孩子出现皮疹后体温正常，也没有其他异常表现。这是一个秋季常见的儿童皮肤问题，俗称沙土皮炎。经过局部外用药和日常皮肤护理指导，孩子的皮疹明显减轻。

全面了解沙土皮炎

沙土皮炎，是幼儿丘疹性皮炎的俗称，顾名思义，接触沙土时没有做好必要的保护，以及接触后没有做好皮肤护理，是常见的诱因。幼儿丘疹性皮炎，好发于3~8岁的儿童，原因是幼儿皮肤娇

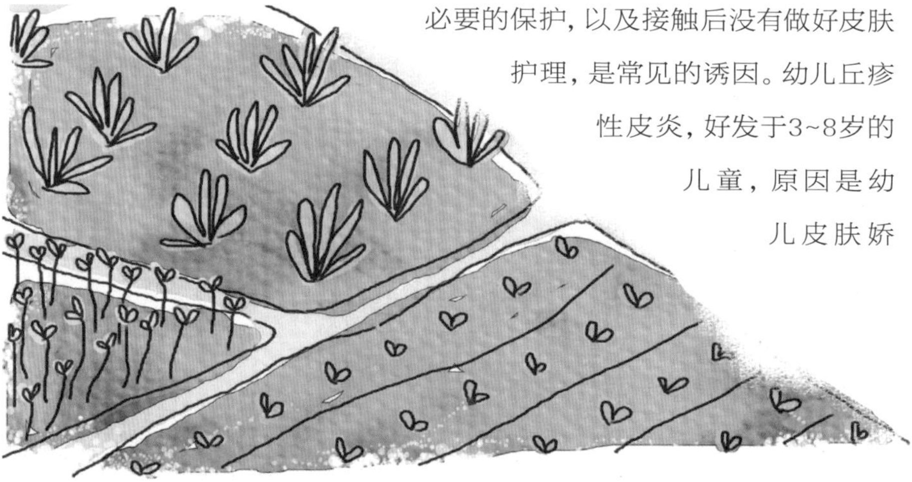

嫩，对外界不良刺激的防御能力差，一旦受到水、沙土、碱性皂液等反复刺激，同时自身汗液浸渍，造成皮肤屏障功能的进一步破坏，导致皮肤出现反应性炎症。也有的观点认为，沙土中残留的动植物成分，也是皮炎的诱发因素，日光照射等与本病的发生也有一定关系。

在大量的皮疹出现前，孩子往往有在草地、沙土或地毯上爬行游戏、挖沙子或玩积木，用肥皂水吹泡泡等行为，皮疹表现为正常皮色或淡红色，大小从针头至米粒不等，散在或密集分布但不融合，好发于手指背、手腕和前臂，瘙痒明显。

治疗以止痒、减少局部刺激和防治感染为主要原则，外用炉甘石洗剂止痒，不玩沙土和肥皂泡沫，减少用热水洗手次数，避免接触化纤类衣物，在皮肤破损处可外用氧化锌乳膏，严重时应用含糖皮质激素药膏控制炎症反应。

儿科专家李瑛最想告诉你的沙土皮炎护理技巧

减少四肢皮肤裸露，不穿化纤织物的衣服

沙土皮炎产生的根本原因是幼儿皮肤娇嫩，因此秋季进行户外活动，特别是在游乐场所玩耍时，应尽量给孩子穿着能够遮挡四肢皮肤的衣服，减少皮肤裸露，以避免环境中的沙土、金属和日光照射等不良刺激。衣服材质的选择也很重要，应选择纯棉织物，且尽量柔软透气，不穿化纤织物材质的衣服，也可减少对皮肤的刺激。

不吃油炸、高脂肪食物

秋季，孩子自身皮肤干燥，皮肤屏障功能受到很大影响，如果此时皮肤表面长时间有水停留，会加重干燥。同时，孩子皮肤的排汗能力差，汗多时，大量汗液聚集在表皮下，不能及时排出，也会加重局部刺激，出现炎症反应。因此，在日常饮食中，应避免让他摄入热量较高的食物，如油炸食品，含油脂较多的肉类等，以减少食物消化过程中产生热量。

不玩肥皂水，也不用肥皂液洗手

孩子性格好动，探索求知欲强，日常用手的机会较多，同时又缺乏自我保护的能力，比如过多地接触含碱性较强的肥皂水、泡泡液等，直接破坏皮肤表层的天然防护层，更易导致皮肤对不良刺激耐受差。同样，如果频繁地使用肥皂液洗手，水温偏高，也会有相同的表现。建议洗手时尽量使用流动水，不用碱性过强的皂液。

户外活动前大量涂抹护手保湿霜

秋季干燥的气候因素是皮肤问题出现的主要原因，加之孩子户外活动大多需要用手，手部皮肤干燥时，一旦接触到刺激，反应的剧烈程度也会明显增加，因此，预防沙土皮炎，必须做好皮肤保湿，特别是外出活动前，应先洗净双手及前臂，擦干后大量涂抹保湿霜，必要时，可在活动期间再次涂抹。

孩子流鼻血，什么情况下必须警惕？

一次在门诊，医生遇到一位神情紧张的妈妈带孩子来就诊，这是一个刚刚上小学一年级，非常活跃的小男生。妈妈诉述，这个孩子自从秋季开学以后，已经连续有两个星期，几乎是每天都会有流鼻血的情况，有两次出血量较多，其余表现为擤鼻涕时伴随着新鲜出血，甚至有一次鼻出血发生在夜间，毫无征兆。

当孩子出现翻动，才发现面部和枕头上已经有大块血迹了，孩子鼻孔里还不断滴出鲜血，妈妈因此非常紧张，担心他是否存在与血液系统相关的一些恶性疾病。经过对病史的询问，进行相关的实验室检查，特别是在得知孩子有过敏性鼻炎的病史后，医生判断这是鼻黏膜局部问题导致的鼻衄，与全身性疾病无关，经局部用药及针对过敏性鼻炎治疗，同时教会孩子正确保护鼻黏膜的方法，鼻衄的次数明显减少了。

全面了解鼻衄

鼻衄是由多种因素造成的鼻出血现象，可以是全身疾病的局部反应，也可以是鼻腔局部病变所致。儿童鼻出血的部位一般在鼻中隔前部，原因是这个区域鼻黏膜的毛细血管网相对发达且表浅，极易由于鼻腔干燥、外力外伤引起毛细血管破裂出血，如果同时存在过敏性鼻炎或慢性鼻炎，局部黏膜的保护作用会更弱，毛细血管更易受到损伤。

当然，一些对凝血机制有破坏作用的全身性疾病，也会表现为鼻出血，但一般在鼻出血同时，都会伴随疾病的其他异常表现。如果孩子出现了反复的鼻衄，还同时有全身皮肤瘀斑、牙龈等其他部位出血，就需要考虑是否有一些严重的全身性疾病了。单纯的鼻出血多由鼻腔局部病变所致。

造成鼻出血的原因除外伤外，在气候干燥的秋季，鼻黏膜干燥是一个主要原因，干燥后引起的不适，又会使孩子不自主地揉鼻子、挖鼻孔，造成鼻出血。同时，各种对鼻黏膜有伤害的局部问题，如慢性鼻炎、过敏性鼻炎及黏膜破损后继发的感染，都会加重出血。一旦出现鼻出血，应首先采取低头按压局部的方法止血，当出血量大难止时，应及时送医。

反复鼻衄，要进行针对鼻腔局部问题的治疗，同时应尽量保持鼻腔湿润，帮助孩子养成良好的卫生习惯，不要用力擤鼻涕和抠、挖鼻腔。如合并其他异常问题，建议进行全面检查。

儿科专家李瑛最想告诉你的鼻衄护理技巧

穿衣过多有可能加重鼻出血

秋季，气温变化幅度大，给孩子增加衣物要适时、适量，不宜在短时间内大量增加衣物。因为过度保暖后，身体通过皮肤蒸发的水分增加，不仅不利于锻炼孩子自身机体皮肤黏膜对外界不良刺激的防御能力，还加重了身体缺水和干燥症状，特别是相对较脆弱的鼻黏膜，黏膜下的血管也更加表浅，容易在受到刺激后出血。可以通过观察孩子的面部、口唇来确定是否保暖过度，如出现面颊发红、口唇发红的情况，则表示穿衣过多。

应给鼻出血的孩子多补充水分

鼻出血的孩子往往存在鼻黏膜下血管过于表浅的问题，加之秋季气候干燥，破坏了黏膜自身的防御和修复能力。经肠道补充水分是必不可少的方式，此时建议给孩子多喝水。除饮水外，秋季孩子的饮食应适当增加粗粮、谷物、新鲜蔬果的摄入，如果孩子出现尿少、尿黄、尿味道比较重、大便干结等情况，则是“缺水”的信号，应及时调整食物结构，减少高热量、高蛋白、高脂肪食物，增加主食中粗粮、谷物和新鲜蔬菜的比例，水果也尽量选择汁多且口味偏淡的品种。

室内湿度低于30%容易诱发鼻衄

为防止鼻衄反复发生，应保证居室环境的湿度不低于30%，特别是在夜间睡眠时，建议保持居室湿度在50%左右。可以在居室内应用加湿器或者用晾晒湿衣服、用潮湿的拖布擦地的办法增加室内空气湿度。同时，还应注意给室内通风换气。

户外活动时锻炼用鼻子呼吸

外出活动时应注意练习用鼻子呼吸，让孩子从小养成在户外用鼻子呼吸的好习惯，可以很好地锻炼鼻黏膜对外界环境温湿度的适应能力，同时也可以促使鼻黏膜上纤毛的生长和摆动，对鼻黏膜有保护作用。应提醒孩子，一旦出现鼻痒，应用纸巾轻揉鼻子，不要用力抠鼻子和擤鼻涕，特别是在没有清洗双手的情况下抠鼻子，不仅会导致鼻出血，甚至会并发感染。

湿疹反反复复怎么办？如何帮助孩子有效止痒？

刚满1岁的婴儿因为全身皮疹严重来医院就诊，近1个月来孩子全身布满了皮疹，突出表现是他因为瘙痒不停地抓挠皮疹，特别是夜间更加明显，整夜不能平稳睡眠。让爸爸妈妈揪心的是，皮疹被抓破后，大片皮肤出现破溃红肿并伴有出血，一旦触碰到，孩子会烦躁、哭闹，很难缓解。经过询问，医生得知，孩子每次皮疹瘙痒发作明显时大都在夜间，而且是在接触了床上的被褥后。经体格检查发现，婴儿的头面部和四肢躯干布满了红色的斑丘疹，有很多抓痕，并有几片皮肤已经有大量渗出液。结合这些情况，医生初步判断皮肤的表现是湿疹和特应性皮炎，这与接触被褥上的粉尘螨有关，经外用药物治疗且避免过敏原刺激，孩子的皮疹逐渐好转。

全面了解湿疹

湿疹是由于内在因素加外界不良刺激导致皮肤出现的炎症性反应，可以表现为多种形式的皮损。婴幼儿自身免疫功能不完善，遗传因素或环境因素导致的皮肤屏障功能差，以及某些营养障碍、慢性感染也有可能是湿疹发生的内在原因。

外在因素中，较常见的是食物过敏，如牛奶、禽蛋、鱼虾、牛羊肉等，或环境中存有过敏原，如粉尘螨、霉菌、宠物皮屑等，此外，衣物的机械性摩擦、口水和奶汁的局部刺激也是常见诱因。此时，如果频繁洗澡，特别是过多使用含碱性皂液会加重湿疹。紫外线照射、保暖过度、接触丝织品或化纤织物、护肤品使用不当等，也会加重湿疹，甚至并发皮肤感染，加重病情，出现特应性皮炎的表现。

湿疹好发于1~3个月大的婴儿，6个月大后症状逐渐减轻，1岁半后绝大部分可自愈。

皮损的表现轻重不一，多见于头面部，逐渐蔓延至躯干四肢，轻度湿疹的表现仅为红斑或红丘疹，严重时表现为疱疹、溃烂、结痂。突出表现是明显瘙痒，因搔抓可继发感染。结合家族史、发病史和喂养史，以及典型的皮肤表现，湿疹的诊断并不困难。

根据不同程度的皮损，采取的治疗手段也不同，原则是积极排查过敏原并尽可能严格回避。在强力保湿皮肤，增强皮肤屏障的基础上，可局部短期外用皮质类固醇药膏，可以起到止痒和预防感染加重的作用，如局部破溃感染，则需要局部涂抹抗生素软膏。婴儿期湿疹，如经上述处理有缓解时，一般不建议口服药物治疗。

衣服纯棉、透气，避免颜色鲜艳

在湿疹发作期和缓解期，不要给孩子穿衣过多，同时选择纯棉材质衣物，对于直接接触皮肤的衣服，尤其不要选择化纤和丝织材质的，同时避免颜色过于鲜艳和有装饰物。建议不要给孩子选择有绑带的衣物，避免因绑束摩擦皮肤导致湿疹加重。新衣服在首次给孩子穿着前应经清洗晾晒。婴幼儿的养育者在接触孩子时，也应穿着柔软棉质的衣服。

排查食物过敏原

食物过敏是湿疹发生的常见诱因，1岁以内的婴儿，牛奶蛋白过敏为首要因素，其他常见食物过敏原是禽蛋、鱼、虾、牛肉、羊肉、小麦、坚果，对于湿疹反复并伴随腹泻、腹胀、呕吐、便秘等胃肠道症状的婴儿，应及时排查是否对上述食物过敏。如果婴儿在接触了某一种食物后，湿疹大量出现或明显加重，则这种食物高度可疑，但明确过敏原，需经临床继发实验，这就要在医生指导下进行。一旦明确过敏原，应严格回避，特别是对于添加辅食阶段的婴儿而言，初次接触某种食物，一定要从少量开始，观察3~5天，婴儿无任何异常反应后，再逐渐加量。

患有湿疹的孩子洗澡要注意

患有湿疹的婴儿，大多皮肤屏障功能差，因此，在日常养育中，应注意维持居室内适宜的温湿度，建议室温25℃左右，湿度保持在50%~60%，湿度过低会引起皮肤干燥，加重皮损，湿度过高会影响皮肤散热，也会加重皮损。同时，不要频繁地给孩子洗澡，特别是不应长时间让他浸泡在水中。秋冬季节，每周洗澡次数两次为宜，清水即可，不要用沐浴露。水温在35~36℃，洗澡的时间不要过长，建议10分钟之内完成。洗澡后及时给孩子擦干皮肤，大量涂抹保湿霜。

外出前大量涂抹保湿霜

秋季，孩子外出前，应给他做好皮肤保护，比如，涂抹保湿霜，增加皮肤对外界不良刺激的抵抗能力。冷空气和紫外线照射，均有可能引起湿疹或加重湿疹症状，建议外出时做好保暖，且避开紫外线直接照射处，如果外出时间较长，家长应随身携带保湿霜，随时涂抹。

试看专家视频讲解

宝宝口唇干裂还总是舔嘴唇，越舔干裂越厉害怎么办？

一个一年级的小学生，妈妈带他来就诊的原因是，自从进入秋季后，孩子嘴唇皮肤反复出现裂口、出血，甚至张口疼痛、进食疼痛。在回答医生的问题时，孩子张嘴有些困难，同时还在不停地舔着干裂的嘴唇。经过询问得知，孩子非常喜欢运动，每天放学后，要在操场上进行两个小时的足球训练，自从进入秋季，嘴唇皮肤干裂、口角裂开的情况就持续存在，反复加重。

全面了解口唇干裂

秋季气候干燥，特别是户外风沙大，空气流动迅速，加速皮肤水分流失，儿童口唇部位皮肤较薄，容易干燥不适。同时，很多孩子还不能时刻注意用鼻子呼吸，在跑跳等活动中习惯用口呼吸，这就更加重了口唇部位皮肤黏膜的干燥。

如果此时没有及时保湿，由此导致的局部不适会让孩子不由自主地舔嘴唇，暂时湿润，但口水中含有大量的蛋白质和消化酶，除了在水分蒸发过程中加重干燥外，这些物质还会直接破坏皮肤的屏障功能，由此出现口周皮肤的小斑疹、丘疹、脱屑、口唇皮肤裂口、出血，严重时会因破溃继发感染，嘴唇周围皮肤出现红肿和渗出，这种炎症的表现，被形象地称为“舌舔皮炎”。

由于局部破溃感染后，会因进食导致疼痛感明显，很多孩子会出现进食时哭闹，甚至拒食。

处理的方法是局部涂抹保湿唇膏、继发感染时外用含抗生素成分的药膏。对于迁延不愈的顽固性炎症，也可以短期应用皮质类固醇激素药膏。

儿科专家李瑛最想告诉你的口唇干裂护理技巧

试一试在家戴口罩

秋季防治儿童口唇干裂，可以试一试在家戴口罩的方法，可以选择在孩子做游戏、看绘本的时候，佩戴纯棉材质的口罩5~10分钟，根据孩子的耐受程度决定每天佩戴次数。在戴口罩之前先在口唇上涂抹儿童专用的润唇膏，这种方法可以有效改善口唇干裂。需要注意两个要点：第一，佩戴的口罩一定是纯棉材质，透气性好；第二，一旦孩子开始抵触就停止尝试。

每天摄入颜色不同的蔬菜和水果

挑食、偏食孩子的皮肤更易干燥，防御能力差，同时口唇干裂时，遇到过热或酸味饮食，就会加重疼痛，因此建议日常饮食中，蔬菜水果要选择含水分较多且酸味不重的品种，食物可稍放凉后再食用。

为了保证饮食均衡，可以利用蔬菜水果的颜色搭配完成，举个简单的例子，每天保证有3种不同颜色的蔬菜及2种不同颜色的水果搭配，比如，胡萝卜、黄瓜、茄子、苹果、葡萄等。因为不同颜色的蔬菜和水果所含的营养素是有些差别的，保证孩子营养全面可以有效预防和治疗口唇干裂。如果并发局部严重炎症反应，应及时带孩子就诊。

及时制止孩子“舔嘴唇”

为了预防口唇干裂加重，在日常生活中，无论是室内还是户外，都应随时关注孩子的表现，及时制止他舔嘴唇，但不是强行禁止，否则会因此导致不良刺激产生心理暗示，导致他更加频繁地出现这个动作。

建议用分散注意力的方式，当发现孩子频繁出现舔嘴唇、咬嘴唇动作的时候，可以用朗读诗词、儿歌，读绘本，做游戏的方法来分散他的注意力。

外出时帮孩子涂好润唇膏

口唇干裂的孩子外出的时候要注意做好皮肤的保湿，除了皮肤保湿以外，嘴唇及口周皮肤黏膜也要做好保湿，特别是已经出现口唇干裂的孩子建议在外出前大量涂抹儿童专用的润唇膏，如果外出时间比较长，建议随身携带，随时涂抹。

俗话说“春捂秋冻”，那如何给孩子做好“秋冻”呢？

每年秋风一凉，带孩子来就诊的父母，不约而同地给孩子穿上保暖衣裤，套上厚厚的袜子，有的还早早地戴上了保暖帽，这样全副武装后，孩子进到诊室，当医生打开包被或解开衣服，常常会发现孩子的头上和手脚都潮湿出汗，连后背都汗津津的，小脸通红。这个时候要做的就是尽快把孩子的汗擦干，然后再做好保暖。

还有一部分父母表现为让孩子过分地“秋冻”，也就是没有根据环境温度和温差的变化，及时地给孩子增加保暖衣物，导致孩子着凉生病。

全面了解“秋冻”

“春捂秋冻”是一句自古而来的养生谚语，其中“秋冻”指的是，当秋季到来，气温逐渐转凉，不要过早、过多地增加衣服，适当地接受寒冷刺激，有助于锻炼人体的耐寒能力，以应对冬季的寒冷，避免生病。

耐寒能力要经过一定时间的锻炼，才能促进机体代谢，增加热量，提高对低温的适应能力。对于调节和适应能力还比较弱的婴幼儿而言，如果在天气刚刚转凉就赶紧给他穿上厚厚的保暖衣服，甚至过早地穿上棉衣，会使孩子的身体得不到对冷空气的锻炼，使防寒能力降低。到了严寒的冬季，一旦受到冷空气侵袭，皮肤和黏膜的血管为了增加产热而急剧收缩，血流量减少，就会导致对病原体的清除和防御能力大大降低。

合理的“秋冻”建议从夏末秋初开始，根据气温的变化，循序渐进地进行锻炼，既要让孩子经受寒冷刺激，又要适度保暖，不要穿衣过度，也不要让他因此着凉，对于一些有基础性疾病的孩子，更要注意“秋冻”的适度性。

穿衣足暖、腹暖即可，手、前胸、前额温凉，不要早早地戴帽子

秋季昼夜温差增大，也会突然出现气温骤降的情况，“秋冻”既要注意不要过度保暖，也要根据气温变化及时增添衣服。穿衣合适的标准是，足暖、腹暖即可，手、前胸、前额保持温凉。可以给孩子贴身穿着具有一定保暖作用的内衣，穿容易穿脱的外套。当孩子手脚偏凉，则提示需要增加衣服，头热出汗时，应及时脱

去一层外衣，这个过程一定要注意慢增慢减，避免在快脱快减的过程中，让孩子着凉。同时，不建议在秋季过早地给孩子戴上御寒保暖的帽子。

杜绝不合理的“贴秋膘”

合理的“秋冻”，也应体现在饮食方面，就是要让孩子的肠胃也经历“秋冻”，北方秋季素来有“贴秋膘”的习惯，但对于婴幼儿而言，不要在短时间内给他添加热量较高的食物，比如肥肉，可以适当增加瘦肉、奶制品、动物肝脏，增加过程中，应按照循序渐进的原则，避免一次性大量补充。

开窗时间延长，室内外温度一致

秋季应适当延长居室开窗时间，以达到室内外温度一致。开窗时间建议安排在孩子日常活动的时候，但不要让他离窗口太近，开窗时间建议避开进餐和睡眠时间，目的是尽量缩小室内外温差，让孩子逐渐适应气候变化，避免气温骤降对其产生影响，同时起到室内空气流通的作用。

户外活动安排在温差变化较大的早晚

“秋冻”的一个主要内容是坚持规律的户外活动，户外活动可以安排在温差较大的早晚，目的是锻炼孩子对温差的适应能力，外出活动建议安排1~2个小时。在外出前，要做好必要准备，外出前先打开窗户，给孩子穿好衣服，确认衣服穿着厚度合适后再出门。

试看专家视频讲解

孩子上幼儿园两个月，已经病了3次了，怎么办？

孩子入园两个月，三天两头出问题，发烧、咳嗽、流鼻涕几乎成了“家常便饭”，每次症状刚刚消失，再次入园两天，同样的问题又出现了，在家休息的时间远远地超过了在幼儿园的时间。这让妈妈非常焦虑。那么，是什么原因让孩子一上幼儿园就生病呢？

首先是自身因素造成的，幼儿自身调节适应能力差，饮食作息规律改变以后，孩子一时不能完全适应，机体对疾病的防御能力下降。

其次是自身防护不强，没有养成良好的卫生习惯，特别是在集体活动时，小朋友们近距离接触，很多幼儿没有学会打喷嚏、咳嗽时正确遮挡口鼻的方法，同时没有做到正确洗手，致使病原在幼儿间快速传播。

最后是入园初期，因与看护人分离和环境变化造成的焦虑和紧张情绪，也会对自身的免疫平衡造成打击，对疾病的抵抗能力下降，当然学龄前儿童是秋冬季常见的呼吸道和肠道疾病的易感人群，也是造成这种现象的主要原因。为了打破“入园魔咒”，父母应该怎么办呢？

儿科专家李瑛最想告诉你的“入园魔咒”摆脱技巧

训练孩子自己脱穿衣服

幼儿入园后，相比入园前户外和室内活动交叉比较频繁，势必会出现对温差变化不适应，尽管老师会帮助孩子适时增减衣服，但建议在孩子入园前要完成自己脱穿衣服的训练。给孩子穿着一件易穿脱的小马甲，教会他在外出活动时主动穿上，进到教室里要及时脱掉。随身给孩子准备一个干净的小手绢，教会他头上出汗时马上擦干。

吃饭细嚼慢咽

饮食方面要保证每日有充足的水分摄入，学龄前儿童建议每天喝白开水200~300mL；同时，吃饭时要细嚼慢咽，不要狼吞虎咽，不挑食、不偏食，这些也都是需要在入园前养成的良好习惯。

在入园前必须教会孩子的几个卫生习惯

正确洗手是切断疾病传播的首要方法，在幼儿集中生活的场所，很多疾病会经手、口途径传播，也是导致孩子生病的一个主要原因。在入园前，要让孩子学会正确的洗手方法，不仅要学会七步洗手法，还要教会他洗手的几个关键时间，比如吃饭前和排便后一定要洗手，用手遮挡打喷嚏和咳嗽后要洗手，揉眼睛、揉鼻子之前等，都要洗手。

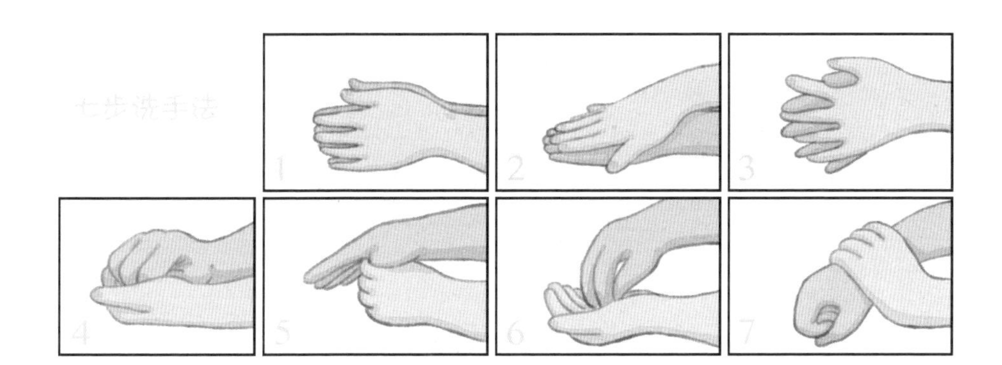

除了正确的洗手方法，还应提醒孩子，在阅读公共图书和接触公共玩具后，应及时洗手，不用脏手挖鼻子和揉眼睛，不要啃指甲。训练孩子在打喷嚏和咳嗽时正确的遮挡方式为用肘部遮挡，正确擤鼻涕的方式是用纸巾或手绢分别清理。同时提醒父母，自家孩子一旦出现疾病表现，应自觉让他居家休息，不送入园，避免交叉感染。

缓解分离焦虑的几个方法

为减轻分离焦虑对幼儿的影响，建议至少在他入园前半年，就要通过以下几个方法来让孩子逐渐适应和过渡：

第一，提前适应幼儿园的作息时间，在家中，按照幼儿园的作息时间来安排幼儿的饮食起居。

第二，让幼儿提前熟悉环境，带孩子在幼儿园里进行短时间活动，逐渐熟悉新环境、新老师和新伙伴。

第三，入园后应随时和老师沟通，了解幼儿的表现，如出现哭闹、拒绝进食、拒绝午睡时，要及时进行安抚处理。

第四，也是最重要的，入园后的周末和节假日，也应尽量按照幼儿园时间表来安排孩子的生活，不要轻易打乱，避免出现再次入园的不适应。

冬季篇

冬天，天气寒冷，提前预防呼吸道和肠道感染性疾病。

冬天来啦，
谨记这些要点，养儿不烦恼

1 冬季，仍要合理安排孩子的户外活动，除恶劣天气外，建议在每天的上午10点至下午4点，带孩子进行不少于1小时的户外活动。

2 冬季昼夜温差和室内外温差都很大，要根据环境温度适时增减衣物，原则为“慢脱、慢加，手足暖，头无汗”。

3 孩子的呼吸道在干燥环境下，对病原微生物和外源刺激的防御能力下降，建议室内湿度保持在50%左右，长时间户外停留应戴口罩。

4 孩子运动量相对减少，饮食更应避免高糖分、高油脂食物摄入，避免饮食的热量过高，同时应保证每日有充足的水分摄入。

5 冬季是上呼吸道感染的高发季节，应积极预防，居室定期开窗通风，保证换气，家庭成员及密切接触孩子的人都应规范洗手；同时，也要让孩子从小养成良好的卫生习惯。

6 呼吸道感染常常伴有高热，应在家中常备小儿退热药物，中等热及以下以物理降温为主，高热时用药物退热，一旦出现精神状态异常，应及时就诊。

7 冬季是流感的高发季节，对流感的治疗原则是早发现、早诊断、早用药。同时，在居家隔离用药期间，应警惕重症信号，一旦出现，立即就诊。

8 冬季对于既往有哮喘和喘息病史的孩子，在积极预防呼吸道感染的同时，应按照疾病的管理规范用药，减少发作次数。

9 照顾患病的孩子，遵医嘱合理用药，对他进行密切观察，一旦出现就医指征，应积极就诊。

10 预防冬季常见病，吃新鲜蔬果，保证营养全面，养成良好卫生习惯，勤开窗通风。

流感和普通感冒到底有什么区别?

一天门诊室接诊了一个2岁多的小患者，在家中已经连续高热3天了，查体过程中医生发现除了高热以外，孩子的精神状态非常差，询问病史，这3天孩子发热时体温都会达到40℃，用退热药物后体温会暂时下降，但会反复升高，同时孩子还伴随有流鼻涕、咳嗽，精神状态也越来越差。经鼻咽分泌物筛查，最终确诊为甲型流感，经口服抗病毒药物治疗，孩子的体温逐渐稳定，所幸没有出现重症表现。

全面了解流感

流感，是由流感病毒引起的急性呼吸道传染病，根据流感RNA病毒蛋白分型，分为甲、乙、丙、丁四型，其中甲型流感H1N1、H3N2亚型和乙型流感中的Victoria系和Yamagata系，是常见引起人类感染的病毒。

流感患者和隐性感染者是主要传染源，因此，一旦确诊必须积极隔离，

特别是与重症病例的高危人群隔离，即5岁以下儿童和65岁以上老人、孕妇及既往有基础病的人。常见流感严重并发症是肺炎，其次是病毒性脑炎、心肌炎和感染性休克。治疗方面包括抗病毒、支持治疗和并发症的防治等。接种流感疫苗，是积极有效的预防手段。

流感和普通感冒之间的具体区分请见下表。

流感和普通感冒之间的对比

项目	流感	普通感冒
季节	高发季节是冬季，有明显的季节性	一年四季均可发病
病原体	由流感病毒感染导致	由多种呼吸道常见病毒引起，包括腺病毒、鼻病毒及呼吸道合胞病毒等
传染性	在人群中的传染性比普通感冒要强	在人群中的传染性较弱
症状	起病急骤，几乎没有前驱症状。表现为迅速升高的体温（多为高热甚至超高热），全身症状比较明显，头痛、肌肉酸痛、精神差，年龄较小的孩子会有嗜睡、精神萎靡、阵发性哭闹、呕吐、腹泻等症状	在发病前有食欲不振、鼻塞、流鼻涕等前驱症状，然后出现体温升高（可以是高热，但大部分为中等热或低热），也可以无发热。高热的孩子在体温降至正常后，精神状态完全好转，除有严重基础病的病例外，极少并发重症
治疗方法	一旦确诊应积极治疗，在发病48小时内应用抗病毒药物治疗	多为自限性过程，不出现严重并发问题，病程5～7天可以自愈

儿科专家李瑛最想告诉你的流感护理技巧

用退热药后大量出汗，应及时保暖

流感患儿高热时需要及时应用退热药物，一旦用药很多孩子会出现大量出汗的情况，这个时候应及时给孩子保暖。由于发热时，在体温快速上升阶段，机体的保护性反应是收缩周围血管，特别是手脚等末梢的毛细血管，减少血流，以保证心脑等重要核心脏器供血，因此孩子会出现怕冷手脚凉，甚至寒战等，建议此时应及时保暖，也就是要增加衣服。

同时把室温升高1～2℃，当体温一旦表现为高热，正确的处理方法是：降低室温，保证室内空气流通，打开包被，减少衣服，利于散热。在应用退烧药后大量出汗时，要随时擦干皮肤上的汗液，并保证贴身衣物干燥。

流感时，不要严格限制蛋白质的摄入

患病时，应保持饮食清淡，避免加重胃肠道负担。但很多父母会有这样的误解，以为饮食清淡，就是把孩子食物中所有的蛋白质类食物都停掉，这是大可不必的。

生病时，人体需要优质蛋白质供给，以利于维持机体正常的免疫状态，因此，此时不应严格限制蛋白质的摄入，比如鼓励母乳喂养，为了减轻肠道负担，可以将固体食物做得软烂、清淡、容易消化，如肉糜蔬菜粥，为孩子提供足够的营养支持。当然，如果孩子表现为呕吐或拒绝食物，不要强迫进食，可以用少食多餐的方法。

立即隔离流感患者

流感是可以经密切接触，直接或间接经呼吸道快速传播的疾病，传染源是患者和隐性感染者，一旦确诊，或出现流感样症状且患病前有可疑接触史时，必须立即隔离，隔离的方式以居家隔离为主。

当家庭成员中有5岁以下的儿童或65岁以上老人，以及体弱多病的成员，建议和流感患儿分开居住。直到体温完全稳定，流感症状彻底消失，一般为1周左右。

体温正常、症状好转后可短时间外出活动

当孩子体温完全恢复正常，全身的症状逐渐好转后，可以进行短时间的户外活动，但应注意，在户外活动期间应避免近距离接触易感人群，同时户外活动不宜时间太长，以不让孩子感到疲劳为宜。

温馨提示：预防流感的重要手段是接种流感疫苗

对于流感的预防，除了养成良好的卫生习惯，不带孩子去人流密集、通风差的场所外，接种流感疫苗是积极有效的针对性预防手段，6月龄以上均可接种。由于接种后2~3周才能产生有效的抗体保护，因此建议在流感高发季节到来前接种疫苗。在整个流感的流行季，也可以随时接种，接种后抗体持续保护的时间是8~10个月，因此，流感疫苗需要每年接种。

试看专家视频讲解

如何让孩子远离肺炎？孩子接种了肺炎疫苗为什么还会得肺炎？

5岁的女儿呼吸困难，伴随阵发性剧烈咳嗽，妈妈带她去医院就诊，经过检查，医生判断她的女儿患了肺炎。在女儿出生后就给她接种了肺炎疫苗，1岁以后也按时给她接种了加强剂次，所以听到医生的诊断，妈妈很诧异。医生解释说，目前临床应用的肺炎疫苗，准确的名称是肺炎球菌多糖疫苗，这种疫苗只针对肺炎球菌感染所致的肺炎，而对其他感染性肺炎及非感染性肺炎，是没有预防作用的。

全面了解小儿肺炎

肺炎是指不同病原体或其他因素导致的肺部感染，临床表现以发热、咳嗽、呼吸急促、呼吸困难和肺部听诊固定的啰音为主要表现的一类疾病。据世界卫生组织统计，肺炎是造成全世界范围内5岁以下儿童死亡的首要疾病，在我国，肺炎的发病率也在20%左右。按照发病原因，可分为感染性肺炎和非感染性肺炎，引起感染的病原体又涉及多种，常见的有细菌、病毒、支原体，其次还有真菌、衣原体和原虫，非感染性肺炎有吸入性、过敏性和异物损伤等。

目前在临床上，在感染性肺炎中，病毒感染所占比例较高，为常见病因。孩子在患病初期可以表现为发热和咳嗽，病情一旦加重，即表现为以呼

吸困难为主的呼吸道症状，出现呼吸急促、气喘憋气等，很多孩子会有鼻翼的扇动，胸骨上窝、锁骨上窝和肋间隙的凹陷。当然，一些特殊月龄的孩子，如新生儿，咳嗽和喘憋等呼吸道症状不明显，仅仅表现为呛奶和吐沫。此时肺部听诊可以听到固定的干湿啰音，有的也可能听不到明显的啰音。大多数孩子会伴随有全身症状，包括精神萎靡或烦躁不安、食欲减退、轻度腹泻、呕吐等。

重症肺炎可并发心肌损伤、心力衰竭、脑水肿、出凝血功能障碍等，危及生命。肺炎的确诊主要依据是胸部X线片等影像学检查，结合血常规等感染指标及病原学检查，可以区分发病原因及病变的严重程度。治疗原则为去除病因，控制感染，改善通气功能及并发症的防治。

引起小儿感染性肺炎的病原有很多，其中细菌感染中常见的有肺炎球菌、金黄色葡萄球菌、肺炎克雷伯菌、流感嗜血杆菌、铜绿假单胞菌等。其中肺炎球菌感染多见于婴幼儿，且感染后引起重症肺炎风险较高，因此目前临床应用的肺炎疫苗，准确的名称是肺炎球菌多糖疫苗，顾名思义，这个疫苗只针对肺炎球菌感染所致的肺炎，接种疫苗后产生的抗体保护，可以有效预防肺炎球菌感染，而对其他感染性肺炎，以及非感染性肺炎，是没有预防作用的。

儿科专家李瑛最想告诉你的小儿肺炎护理技巧

多穿透气、宽松衣物，避免束缚过紧

肺炎患儿在患病期间一定要保证休息，遵医嘱进行规范的治疗，治疗和观察期间应根据环境温度，保持穿衣适度，同时衣物透气、宽松，避免束缚过紧。因为过紧的衣物会让孩子的呼吸不顺畅，加重喘憋，引起烦躁，由此加重心肺负担，特别是颈部衣服应宽松，避免束缚过紧。

不要大量补充水分

孩子出现呼吸道感染时，父母往往会认为大量喝水可以帮助他身体康复，但对于肺炎患儿而言，这样的做法是大错特错的！患病时，幼儿的心肺功能降低，心脏负担加重，若此时不加限制地大量喝水（奶），会造成水分大量进入血液，增加循环的负担，增加心衰的风险。因此患病期间应在医生指导下适当限制水分，如在正常饮食的情况下，出现了尿量明显减少，应及时明确原因。

避免干扰，保证休息

无论是居家还是住院治疗，应保证孩子充足的睡眠，让他安静地休息，由于任何不良刺激均可加重烦躁引起呼吸增快，因此，建议居室环境维持适宜的温湿度，保持环境安静，避免嘈杂，光线柔和，孩子哭闹剧烈时，要多抱多安抚，减少哭闹。

2岁以内的肺炎患儿建议留院观察治疗

患病期间至症状完全缓解前，不建议带孩子外出，以居家休息规范治疗为宜，2岁以内的孩子如果明确是患有肺炎，建议住院观察治疗。外出就医期间，要做到必要的防护，避免交叉感染。

温馨提示：如何正确判断幼儿呼吸频率

小儿患肺炎时，大部分孩子都会出现呼吸频率增快，以气促为主要表现，但不同年龄阶段，判断呼吸是否急促的标准是不同的。正常情况下，成人呼吸频率为15~20次/分钟，儿童的呼吸频率较成人偏快，年龄越小，呼吸频率越快，出生后至3月龄，为40次/分钟左右，3月龄至1岁，为30次/分钟左右，1岁以后，呼吸频率逐渐减慢，3岁后，基本接近成人。当呼吸频率在安静状态下明显增快时，即应排除疾病影响。

试看专家视频讲解

孩子得了急性毛细支气管炎，必须进行雾化吸入药物治疗吗？

门诊室来了这样一对父母，1岁半的孩子在几天前就开始咳嗽了，但体温正常，精神反应也没有异常，他们就自行在家里按照普通感冒来处理，给孩子喂了一些止咳糖浆，其间咳嗽并无减轻，就诊当日，孩子的咳嗽明显加重，同时出现呼吸急促、口唇青紫、面色苍白、烦躁不安，就赶紧带他来医院，同时医生还了解到，前一天父母曾经带孩子就诊，医生医嘱建议给孩子进行雾化吸入药物治疗，但父母认为，"是药三分毒，能不用就不用"，没想到孩子很快出现了病情加重的表现。结合发病情况和听诊，这个病例诊断为急性毛细支气管炎，孩子此时已经存在轻度缺氧的表现，经过在门诊吸氧、雾化药物等紧急处理后，孩子的喘憋症状得到了有效控制。

全面了解急性毛细支气管炎

急性毛细支气管炎是一种婴幼儿期较常见的下呼吸道感染，多发生于2岁以内的孩子，其中6个月大的小婴儿更常见。早产儿和低出生体重儿，先心病患儿，免疫功能低下和家族易感性的婴幼儿，患病率高。

常见的引起感染的病原体为呼吸道合胞病毒，一般不伴随发热，疾病初期以咳嗽为主，随即出现呼吸困难，表现为典型的呼气性呼吸困难，呼气相延长伴喘鸣音，呼吸时能听到明显的喉部"嗞嗞"声。症状进一步加重，孩子会出现面色苍白、烦躁不安、口周和口唇发绀。通过外周血常规检查、鼻咽拭子或分泌物的病毒检测，以及X线胸片检查，可确诊。

对于急性毛细支气管炎的治疗，包括一般治疗，有缺氧表现时及时供氧，维持酸碱和电解质平衡。对于有明显喘憋的孩子，应及时应用解痉平喘药物，联合抗炎药物，如支气管扩张剂、抗胆碱能药物，如痰液黏稠不易排出，需要应用具有稀释痰液功能的药物，并辅助拍背排痰。这些药物，大部分建议首选吸入的方式给药。除此之外，要随时保持孩子呼吸道通畅，如发现呼吸衰竭的表现要及时处理。有合并细菌感染的孩子应用适当的抗生素治疗。

儿科专家李瑛最想告诉你的急性毛细支气管炎护理技巧

哭闹烦躁大汗时及时更换贴身衣物

孩子在接受治疗期间，要衣物宽松，避免束缚过紧，同时因喘息发作时，常常会有烦躁哭闹，伴随大量出汗，此时应及时擦干汗液，更换贴身衣服，避免汗出着凉、病情加重。同时，日常应根据环境温度，随时增减衣物，不要因包裹过多加重孩子的烦躁不安，也不要因为穿衣过少而着凉。

软食易消化为主，雾化吸入药物治疗前避免大量进食

在饮食方面，应注意回避已知过敏食物，正在添加辅食的孩子，不要给其添加新的食物种类。患病期间不建议严格限制孩子进食，除鼓励母乳喂养外，对于已经开始添加固体食物的幼儿，要以软食和半流食为主，保证营养供给，适当补充水分。

如果孩子出现长时间进食困难，需要考虑营养支持。需要提醒注意的是，在进行雾化吸入药物治疗前应避免让孩子大量进食，以免出现药物刺激后呕吐，在雾化吸入药物治疗后，半小时内也不建议进食，以免影响药物的吸收。

居室湿度50%~60%

患病期间，居室温度应保持在20~25℃，同时湿度保持在50%~60%，如果湿度过低，会加重呼吸道黏膜损伤，过高会影响换气，也会加重呼吸困难，同时要开窗通风，加强室内空气流通。日常护理时，需要经常帮孩子变换体位，以减少肺部淤血，促进炎症吸收。咳嗽痰多者可以合适的力量拍背促进排痰。

呼吸平稳、精神好，可以短时间户外活动

患病期间，孩子应居家或住院治疗，不建议外出。在身体恢复后，如呼吸平稳、精神好，不需要定时进行雾化吸入药物治疗时，可以短时间外出，但不宜停留过久。同时，在恢复期，同样需要适当限制孩子跑跳等较剧烈的活动，否则会延长疾病的恢复期。

温馨提示：牛奶蛋白过敏婴儿应警惕呼吸道合胞病毒感染

牛奶蛋白过敏的婴儿是罹患急性毛细支气管炎的高危人群，这类孩子一旦出现咳嗽，即应高度关注，当咳嗽加重、呼吸急促时，应警惕急性毛细支气管炎的发作，必须及时应用药物治疗，避免喘憋进一步加重。在秋冬季节，应远离人流密集场所，注意居室通风。

儿童患哮喘的原因有哪些？如何避免反复发作？

孩子哮喘复发，爸爸妈妈带他来医院就诊。经医生询问，原来在孩子哮喘的症状消失后，爸爸妈妈就擅自给他停药，造成了气喘喘息发作的迁延和反复。在临床工作中，医生发现很多父母缺乏对于哮喘护理知识的了解，由于长期治疗很多都是在家庭中进行的，父母的依从性严重影响了治疗效果，有的父母刚开始在孩子病情反复比较重的时候，都能够按照医生的方案进行治疗，但是能够坚持按照医生方案进行系统治疗的只占全部确诊病例的1/4。因此对于哮喘的管理，症状缓解时期的防，远远胜于发作时期的治。

全面了解哮喘

哮喘是一种以慢性气道炎症和气道高反应为特点的疾病，多表现为突发、突止，没有症状时，孩子没有任何异常表现，一旦发作，症状就会很严重，表现为反复喘息、咳嗽、气促、胸闷，这多与接触变应原、冷空气，物理、化学性刺激，呼吸道感染、运动及过度通气等有关。该病常在夜间和/或凌晨发作或加剧，发作时双肺可闻

及散在性或弥漫性以呼气相为主的哮鸣音，呼气延长，上述症状和体征经抗哮喘治疗有效，有的可以自行缓解。

大约40%的哮喘患儿伴有哮喘或其他过敏性疾病家族史，在明确诊断哮喘前，70%以上的孩子出现过过敏性鼻炎、湿疹和特应性皮炎、过敏性荨麻疹、药物过敏和食物过敏。

哮喘的治疗应该尽早开始，当孩子第一次发生喘息的时候，就应该进行规范治疗，迅速缓解气道阻塞的症状，可以用雾化吸入药物来帮助缓解喘息。同时，要注意哮喘的一些诱发因素。儿童哮喘发作的诱因主要为呼吸道感染，其次有天气变化、运动等，因此，预防哮喘发作应积极预防呼吸道感染。生活中接触变应原也可能诱发哮喘，常见变应原有吸入过敏原和食物过敏原，吸入过敏原最常见的有尘螨、真菌、花草和动物皮毛，食物过敏原常见的有鸡蛋清、花生、牛奶、牛肉、海虾、桃子和杧果等。

儿科专家李瑛最想告诉你的哮喘护理技巧

热水清洗衣服并烘干

接触变应原可诱发哮喘发作，其中50%~60%的哮喘患儿会因接触粉尘螨和屋尘螨导致哮喘发作，尘螨在毛织物中会大量存在并繁殖，高温可将其杀死，因此建议尽量避免给孩子穿着过于厚重的毛织类材质的衣服，清洗衣物时使用60~80℃的热水，衣服清洗以后要在通风处彻底晾干，如果在通风处晾干有困难，建议烘干后再晾晒。

哮喘患儿也可吃鱼、虾等海产品

由于食物变应原中包含海虾和贝类，因此有很多哮喘患儿的父母，长期不给孩子吃鱼、虾等海产品，担心诱发哮喘发作。实际上，对于很多哮喘患儿而言，上述变应原不会诱发哮喘发作，父母应明确孩子哮喘的诱发因素是否有海产品，如果有，是哪一类海产品，然后回避该过敏食物，而不是禁食所有海产品；如果没有，则大可不必回避。鱼、虾等海产品含有丰富的优质蛋白质，可以提供孩子生长发育必需的营养素，如长期不摄入，会对孩子的发育产生很大的影响。

冬季哮喘的居室内元凶——粉尘螨

除衣物内的螨虫和霉菌以外，居室内飘浮的粉尘螨和潮湿处滋生的霉菌也是诱发哮喘发作的元凶。建议哮喘患儿的居室内尽量避免使用地毯和厚重的窗帘，包括布艺沙发、床上被褥和毛绒玩具，也是螨虫的繁殖地，建议定期清理。打扫居室卫生时，要避免扬起粉尘。卫生间、厨房及较阴暗潮湿的空间，要定期进行干燥通风处理，避免霉菌大量滋生。

缓解期规律户外运动，发作期限制剧烈活动

在哮喘的发作期，一定要限制孩子剧烈活动，特别是不宜在户外进行运动，因为此时孩子的肺功能受到影响，剧烈活动或哭闹、喊叫会增加孩子肺部通气，加重喘息。但缓解期应坚持每天1小时的体育锻炼，让孩子适应户外的气候和温度，同时通过规律的体育锻炼，增强孩子的体质，提高对呼吸道感染的防御能力。

孩子久咳不愈，症状反反复复，原因到底是什么？

门诊室里，一位家长告诉医生，几周前，孩子曾经有一次发热伴随流鼻涕、咳嗽的过程，体温在3天内就恢复正常了，但咳嗽反而持续没有得到缓解，几乎每天夜间都会咳醒，已经严重影响了睡眠。有时还会在白天活动后咳嗽，从室内到户外接触冷空气后，也会咳嗽，但在白天安静状态时，孩子没有任何异常表现。拍了胸片，也没问题。为了止咳，更换着试了几种抗生素和止咳药，孩子的咳嗽丝毫没有减轻。这种情况已经持续几个星期了，父母非常着急。那么，造成孩子久咳不愈的原因，到底是什么呢？

全面了解慢性咳嗽

当孩子患有呼吸道感染时，一般情况下，咳嗽是机体的正常保护性反应，它的主要作用是排出气管内的痰液；有时也会因咽喉部的炎症反应刺激导致咳嗽，一般会随呼吸道感染的好转而逐渐缓解，但如果反反复复地咳嗽超过4周，且常规应用止咳药无效，即考虑孩子患了慢性咳嗽。

慢性咳嗽的原因，按照所占比例依次为咳嗽变异性哮喘、上气道咳嗽综合征、呼吸道感染后咳嗽、胃食管反流性咳嗽、心因性咳嗽，以及药物诱发性咳嗽、耳源性咳嗽等，但在很多情况下，是两种或两种以上原因同时存在，比如咳嗽变异性哮喘和上气道咳嗽综合征，呼吸道感染后咳嗽伴有上气道综合征等。

如果咳嗽表现为干咳，常在夜间和（或）清晨发作，运动、遇冷空气后咳嗽加重，排除感染后，很多孩子还有过敏性疾病的病史，或过敏性疾病的家

6岁以下的儿童，以呼吸道感染后咳嗽和咳嗽变异性哮喘、上气道咳嗽综合征、胃食管反流性咳嗽常见，而6岁以上的儿童多见为咳嗽变异性哮喘、上气道咳嗽综合征、心因性咳嗽。

族史，要考虑咳嗽变异性哮喘，在这种情况下，必须应用支气管扩张剂治疗才能使咳嗽得到缓解。

另一种常见的引起慢性咳嗽的原因是上气道咳嗽综合征，是指由各种鼻炎、鼻窦炎、慢性咽炎以及扁桃体和（或）增殖体肥大、鼻息肉等引起的慢性咳嗽。如果孩子在咳嗽的同时还伴有白色泡沫痰或黄绿色脓痰，伴有鼻塞、流涕、咽干并有异物感和反复清咽等症状，则建议针对这些原因治疗，才能止咳。由于反复的呼吸道感染或多重感染，也会导致超过4周的慢性咳嗽，此时，通过胸部影像检查，可明确诊断。但如果经过以上处理，咳嗽仍持续，超过8周，就要考虑其他原因了，比如气管异物、嗜酸性粒细胞气管炎等。

出汗后不能马上脱衣服

为了避免反复呼吸道感染引起的慢性咳嗽，即使在恢复期，即病程的7~10天时，父母也不应掉以轻心，因为此时孩子对疾病的抵抗能力相对较弱，容易出现交叉感染，以及感染后的气道敏感。冷空气刺激容易导致咳嗽，因此在恢复期，由于较生病时活动量增加，当进行户外活动时，如遇冷空气刺激后孩子咳嗽明显，建议外出给他戴好口罩。活动出汗后，不要马上给他脱掉衣服，先让他安静休息，擦干头颈部汗液，再慢慢脱去衣服，并及时更换干燥透气的贴身衣物。

睡前不宜食过饱

慢性咳嗽常常在夜间症状明显，这是因为夜间机体激素水平较低，气道敏感。另外，平卧体位也会由于鼻腔分泌物倒流和痰液引流不畅加重咳嗽，因此应尽量避免睡眠时的不良刺激，睡前两小时内不宜让孩子进食过多，晚饭在睡前两小时之前完成，同时建议饮食清淡，不宜摄入过多高热量食物。

远离二手烟

咳嗽反复不愈时，大多数孩子均存在一定程度的气道敏感，容易受环境中各种不良因素刺激而诱发咳嗽，其中二手烟是常见因素，因此一定要避免让孩子接触二手烟，无论是在室内，还是外出活动，均应严格回避。同时居室应开窗通风，保持空气流通，在打扫居室卫生时，避免大量的扬尘。

冷空气刺激诱发咳嗽，外出戴口罩

由于吸入冷空气可以诱发咳嗽，因此建议慢性咳嗽患儿外出时应避开气温较低的清晨和傍晚以后，选择气温较高的中午前后外出。一旦外出时气温较低，最好佩戴口罩。同时，父母应在日常教会孩子用鼻子呼吸，不要张口呼吸，以防止干冷的空气直接进入气道。

急性喉炎为什么爱在冬天侵袭宝宝？如何有效防治？

一对父母急匆匆抱着孩子冲进诊室，怀抱中的幼儿满头大汗，烦躁哭闹，但哭声非常低哑，间断着出现“空空”的咳嗽声，咳嗽的声音像小狗发出的叫声，孩子吸气的时候，使劲扬头，颈部下方会出现深深的凹陷，还伴随着口唇紫绀，面色苍白，父母描述，孩子最近几天出现咳嗽，吃了一些止咳药后，咳嗽没有减轻，几小时前突然出现“像小狗叫”一样的咳嗽，同时伴有烦躁，满头大汗，呼吸费力和面色苍白。经医生诊断后，幼儿是患了急性喉炎，经过紧急处理，孩子呼吸困难的症状得到缓解。

全面了解急性喉炎

急性喉炎的高发年龄是6个月至3岁的婴幼儿，冬春季节常见，一般由细菌或病毒感染引起，也可以见于某些传染病，如流感、百日咳等。孩子除了有感染的一般表现，包括发热、流涕、咳嗽等，会突然出现典型的犬吠样咳嗽，声音嘶哑。

该病常常在夜间发作，随着犬吠样咳嗽，出现吸气性喉喘鸣和吸气性呼吸困难，吸气时孩子会用力抬头帮助呼吸，因为呼吸不畅导致异常烦躁，满头大汗，严重时出现胸骨上窝、锁骨上窝和肋间隙的凹陷，如果呼吸困难进一步加重，则会出现面色苍白、口唇紫绀，甚至呼吸衰竭，危及生命。

急性喉炎发生的主要原因是婴幼儿的喉部狭小，喉软骨柔软，以及喉部的腺体和淋巴组织丰富，一旦感染后，极易因水肿或痉挛导致喉梗阻，出现典型的吸气困难。治疗手段以保持呼吸通畅，控制感染，皮质激素消除喉头水肿，减轻喉梗阻，缓解呼吸困难为主。同时，应尽量保持孩子安静，避免加重呼吸困难。由于急性喉炎会导致呼吸困难，因此当高危年龄段的孩子在冬季出现呼吸道感染时，一旦出现声音嘶哑、犬吠样咳嗽，应及时带他就诊。

儿科专家李瑛最想告诉你的急性喉炎护理技巧

夜间突然发作，满头大汗，更换干燥的贴身衣物再出门

急性喉炎患儿常常在夜间突发呼吸困难，并伴随烦躁和满头大汗，此时一定不要急于带孩子出门，先将汗擦净，更换干燥的贴身衣服，再出门就医，避免因室内外温差过大，加重病情。患病在家期间，应注意及时给孩子增减衣物，确保贴身衣物干燥透气，柔软舒适。

母乳喂养的宝宝不建议在冬季强行断奶

母乳喂养的宝宝，除非必须，不建议在冬季断母乳，因为在断奶期间，很多孩子会焦虑和哭闹，对疾病的防御能力降低，因此建议如需断奶，应选择循序渐进，自然离乳的方式，不建议在冬季强行断奶。已经患病的幼儿，日常饮食应以清淡易消化辅食为主，同时要饮食均衡，保证营养素的全面供给。辅食添加阶段的婴儿，患病期间不宜添加新品种食物。

竖抱、坐位或半坐位体位优于平卧体位

孩子出现声音嘶哑、呼吸困难时，由大人竖抱、坐位或半坐位体位，较平卧体位更利于喉部放松，减轻颈部疏松组织对喉软骨的压迫，利于缓解吸气困难。在冬季，也可以短时间开窗通风，以避免室内温度较高和空气不流通，加重孩子的烦躁和呼吸困难。

少去人流密集、通风差的公共场所

对于急性喉炎的预防，和其他冬季呼吸道感染性疾病的预防类似，特别要强调的是，由于疾病的年龄特点，1岁左右的小宝宝，冬季更应避免去人流密集、通风差的公共场所，这是因为出生至6个月，自母体带来的免疫活性物质水平较高，6个月后，水平逐渐下降，但其自身对病原体的抵抗能力还不足，因此，这个年龄段的幼儿更应注意加强对疾病的防护。

试看专家视频讲解

疱疹性咽峡炎传染吗？如何跟手足口病做区分？

冬季门诊的一天，一位妈妈带着一个刚刚入园的孩子来门诊室，原因是在早晨入园常规查体时，老师发现孩子的咽喉部有疱疹，于是提醒妈妈带孩子就诊，明确是否感染了手足口病，同时暂时不能入园，建议居家进行观察，等疱疹完全消失后再返校。经过临床诊断，这个孩子确诊为疱疹性咽峡炎，当天出现了发热和咽痛的症状。医生解释说，该种疾病容易在小朋友聚集的地方传播，建议对孩子进行居家隔离至身体恢复。

全面了解疱疹性咽峡炎

疱疹性咽峡炎是由肠道病毒引起的急性感染性疾病，高发年龄是1~7岁，疾病的特点是急性发热和咽峡部疱疹溃疡，一般病程4~6天，为自限性。在临床上，该病病程分为前驱期、疱疹期和溃疡期，前驱期可以没有任何症状，伴随着发热和咽峡部疱疹的出现，孩子首先表现为食欲不振，很快，在病程的第三天左右，疱疹破溃形成溃疡，此时，咽部的剧烈疼痛刺激会让年龄大点的孩子清楚地描述咽喉部疼痛，无法准确表达的年龄小的孩子则仅表现为拒食、哭闹、流涎等。治疗和护理原则为控制高热，饮食清淡，保证食入量，如出现咳嗽气喘或精神反应异常，则需要警惕合并重症，应及时就诊。

由于疱疹性咽峡炎以肠道或呼吸道为主要传播途径，传染性强，传播快，因此很容易在小朋友聚集的场所传播。因为引起感染的肠道病毒同样也可以引起手足口病，因此，建议一旦确诊患了疱疹性咽峡炎，应对孩子采取居家隔离措施，托幼园所也要采取针对性的消毒隔离措施。

疱疹性咽峡炎和手足口病的主要区别请见下表。

疱疹性咽峡炎和手足口病的主要区别

项目	疱疹性咽峡炎	手足口病
发热程度	一般为中等热或高热，其中高热较常见	可以是低热、中等热或高热，部分孩子可无发热症状
疱疹部位	主要分布在咽部的悬雍垂、扁桃体和软腭边缘，身体其他部位不会有疱疹	可分布在四肢和肛周，口腔内疱疹会散在颊黏膜、硬腭、唇黏膜、齿龈和咽部
高发季节	全年均可发病	4—7月（5—8月）
高发年龄	1~7岁	5岁以下
预后	良好	一般预后良好，但重症病例较凶险
并发症	较少	脑炎、脑膜炎、脑脊髓膜炎、肺水肿、循环障碍

儿科专家李瑛最想告诉你的疱疹性咽峡炎护理技巧

患儿衣物正常清洗即可

患儿衣物仅需正常清洗，于干燥通风处晾晒即可，不需要消毒处理，但由于肠道病毒有较强的传播性，因此建议跟家庭成员中健康人的衣服分开清洗。大部分患儿会存在高热，在体温急速上升阶段会有寒战、怕冷，因此应给患儿做好保暖。当应用退热药大量出汗时应及时擦干身体，做好保暖，以免因着凉导致病情加重或重复感染。

咽部溃疡疼痛明显，不强迫进食

进入病程中期，即溃疡期，孩子咽部的疱疹破溃形成溃疡，疼痛明显，甚至影响口水的吞咽，由于溃疡局部的疼痛会因食物刺激更加剧烈，多数孩子表现为对进食和喝水有抵触，此时建议不要强迫他进食，特别需要注意的是，温度偏高和口味偏酸的食物会加重溃疡面的刺激，加重疼痛感，因此应避免给孩子进食热食和酸性口味食物，以口味清淡的流食或半流食、少食多餐为宜。

居家休息，保证室内空气流通

患病期间，建议孩子居家休息，做好居家隔离，尽快恢复身体健康。在发热期，应严格居家隔离，在疱疹期和溃疡期，可根据孩子的精神状态和进食情况，安排孩子短时间外出。居室应每日开窗通风2~3次，保证空气流通，降低病原微生物在空气中的密度。家庭成员规范洗手，地面、物表应随时清洁。

暂别聚餐与聚会

由于疱疹性咽峡炎的传染源就是孩子自身，传播途径为经消化道和呼吸道传播，可通过近距离接触、共用餐具进餐等方式在易感人群中迅速传播，因此建议在患病期间不要带孩子参加任何形式的家庭聚餐，特别是小朋友的聚会。

孩子突发热性惊厥，父母第一时间要做什么？

一对父母怀抱着孩子冲进诊室，边跑边喊着，“医生，我们家孩子抽风了……”只见孩子牙关紧闭，面色青紫，四肢僵硬，双眼上翻。经医生迅速诊断，这是个典型的热性惊厥发作。经过及时有效的止惊、降温处理，孩子的症状得到控制。

全面了解热性惊厥

热性惊厥，既往也称高热惊厥，由于发热时伴随抽搐是很多疾病的共同表现，如中枢神经系统感染，因此，一旦出现惊厥，则应针对所有可以引发惊厥的疾病进行逐一排查。

单纯的热性惊厥是指由于发热诱发的惊厥发作，不伴有神经系统的其他疾病，高发年龄阶段是0.6~5岁，其中1.5~3岁所占比例较高，男孩儿和女孩儿的发病比例相同，其中有1/3的病例会出现反复发作，绝大部分单纯的热性惊厥预后良好，不遗留后遗症。一部分热性惊厥病例有家族史，但大部分没有家族遗传因素。

该病多见于呼吸道感染或其他感染（如中耳炎、肠道感染）初期的12~24小时内的体温骤升期，表现为突然发生的全身性强直性发作，牙关紧闭、双眼凝视上翻，有的会因呼吸暂停出现口唇紫绀，惊厥发作严重程度和发热程度不成正比，惊厥可自行缓解，持续时间从数秒到数分钟不等，一般一次有发热的病程中，惊厥只发作一次，30%~40%的孩子，会在5~6岁之前，反复出现热性惊厥。

发生惊厥后，应及时进行相关检查，包括血液相关指标检测、脑电图和头颅影像检查，排除感染导致的电解质紊乱和中枢神经系统疾病。

热性惊厥的正确处理方式：首先让孩子保持舒适的体位，依靠或平躺在安全的地方，解开衣物，松开衣领，侧卧位或平卧位，头倒向一侧，清除口鼻处的黏液或呕吐物，避免误吸，避免强烈刺激，禁止采取撬牙齿，压舌头等方式，以免造成损伤。如有条件，可将氧气面罩罩在孩子口鼻处，改善因惊厥导致的缺氧。如惊厥持续，则需应用药物控制惊厥，同时，采取降温措施。

由于热性惊厥有反复发作的特点，一定要对有热性惊厥发作病史的孩子，做好针对性的预防，包括再次出现发热时放宽使用退热药物的指征，提前用药，如果短时间内惊厥发作频繁，即6个月内发作次数≥3次或一年内发作≥4次，或曾经发生过惊厥持续超过10分钟且经止惊药物治疗才停止的患儿，可以在医生指导下在发热时应用药物预防惊厥发作。此外，在日常养育中，做好感染性疾病的预防，锻炼身体，提高幼儿自身对感染性疾病的抵抗能力。

儿科专家李瑛最想告诉你的热性惊厥护理技巧

高热时，减少衣被包裹，避免过度保暖

很多父母存在这样的误区，认为孩子一旦发烧，就应注意保暖，甚至还有的用多穿多盖、捂汗散热的方法来给孩子降温。当然，出汗时伴随着汗液的蒸发，可以让孩子体温暂时性地降低，但正确的做法是应减少包裹，利于汗液排出。如此时过度保暖，则不仅不利于皮肤自身散热，而且会导致体温异常增高，这也

是发热的孩子常常在就医途中出现惊厥的重要原因。因此高热持续时，应减少衣被包裹，同时要有效降低环境温度，以利于散热。

不要大量、过多喝水

有的父母认为，高热时让孩子大量喝水能够帮助退热。发热时，机体循环增速，经呼吸和皮肤蒸发的水分会大大增加，同时应用退热药时也会造成孩子出汗增多，此时应该适当地增加水分补充，以保证尿量不减少为标准。不建议仅依靠大量喝水达到退烧的目的，这样会导致体温控制不及时而诱发热性惊厥，同时易造成体内水分和电解质平衡的紊乱，不利于疾病恢复。

保持空气流通，利于患儿自身散热

孩子出现高热，家长往往会担心受凉加重病情而紧闭门窗，这是一种常见的错误做法。当孩子出现高热时，应适当降低居室的温度，比平时低1~2℃，同时应保持空气流通，目的是利于自身散热。在此过程中注意温差不要过大，温度不宜突然降低，并让孩子远离通风处。另外，需要提醒注意的是，出现高热需要就医时，应先服退热药，再出门就医。

就医途中，患儿所处环境下温度不要过高

很多热性惊厥是在孩子就医途中发生的，原因首先是没有提前用药，没有随时用药，其次是在就医途中保暖过度。如果途中，包括交通工具内温度过高、穿衣过多、过度包裹，特别是在大人怀抱当中，非常不利于机体自身散热，导致体温进一步增高，从而诱发惊厥。因此，在就医过程中，应注意车内要适当开窗，温度不要过高，同时要减少衣被包裹，打开衣领，去除帽子。

冬季户外活动“五要五不要”，你知道吗？

冬季的儿科门诊，上呼吸道感染是常见问题，家长经常描述孩子生病的一个原因就是“着凉”。一位妈妈清楚地向医生叙述，孩子发热的当天上午，姥姥带他到公园去玩，2岁的宝宝不停地跑来跑去，不一会儿就满头大汗了，姥姥没注意到孩子自己摘掉了帽子，晚上他就发热了……医生向妈妈解释，冬季，有些孩子很容易因为在室内外温差较大的情况下没有做好必要的防护而“着凉”，经过简单治疗，孩子体温恢复正常。

冬季进行户外活动，对于锻炼孩子自身应对寒冷环境的适应能力而言是必需的，但是，由于孩子自身调节能力差，父母必须在孩子户外活动的过程中，给他提供必要的合理保护，做到“五要五不要”。

儿科专家李瑛最想告诉你的冬季户外活动护理技巧

“五要”

● 要根据户外温度安排活动时间。建议冬季户外活动时间安排在全天温度最高的时间段，一般为上午10点后至下午2点前。因为这个时间段不仅温度适宜，紫外线相对较强。

● 要根据天气情况和孩子年龄安排活动时长。冬季，影响户外活动的因素有很多，除寒冷外，还有大风、雨雪等不良天气因素，父母应根据天气情况安排他在户外停留的时长，建议天气条件不好时，不要进行户外活动，如果可以外出，则活动时长比晴天时减半。另外，要根据孩子年龄决定活动时长，原则是年龄越小户外停留时间越短，对于首次进行户外活动的小宝宝而言，建议从每次10分钟开始，然后逐渐延长活动时间。

- 要根据孩子自身情况安排活动内容。1岁以内婴儿，建议户外活动出行方式以婴儿推车为最佳，活动内容可以为父母推着他散步；幼儿期和学龄前期的孩子，原则上不限制活动形式，但建议活动强度轻重交替，强度以微微汗出为宜，并要安排一定量的集体活动，增加孩子和其他小伙伴共同活动的机会。

- 要在外出前先适应。冬季外出前，应先打开居室窗户，缩小室内外温差，其间父母要给孩子做好保暖，随室内温度的逐渐降低给孩子增添衣物，以孩子的手脚始终温暖为准。一般10~15分钟后再外出。

- 要在外出前让孩子少量进食含一定热量的食物。冬季户外温度低，人体的能量消耗也较大，建议外出前，让孩子吃一些含一定热量的食物，比如，奶或奶制品、面包、蛋糕等，一般可以安排在外出活动前半小时吃，且注意不要让孩子进食过饱。

“五不要”

● 不要在户外空气质量较差时外出。当户外空气质量较差时，如风沙大、雾霾重，特别是对于存在气道敏感或既往有过敏性鼻炎和哮喘的儿童要注意保护，不建议外出。

● 不要在孩子生病急性期外出。在孩子患病期间，特别是在疾病急性期，如体温波动、呕吐、腹泻、咳嗽气喘、精神不佳等，不建议外出；在恢复期，可短时间进行户外活动，以孩子不感到疲劳为宜。

● 不要在空腹、饥饿或进食过饱时外出。根据孩子日常饮食作息合理安排外出时间，不要让孩子在空腹、饥饿状态下外出，也不建议孩子在进食过饱后马上出去活动，正餐和喝奶后，至少过半小时再外出。

● 不要在活动出汗后立即脱衣摘帽。户外活动强度较大，孩子大量出汗，首先应降低活动强度，不要让孩子立马停下来，更不要立马给他脱衣摘帽。

● 不要在外出活动返回后马上进食。户外活动后，孩子体力有一定的消耗，他可能会感到饥饿，但不要让他马上进食或大量喝奶，可以让他先少量喝些温水，半小时后再进食，以免引起消化不良。

附 录

附录1　国家免疫规划疫苗儿童免疫程序表（2020年调整版）

疫苗种类		接种年（月）龄														
名称	缩写	出生时	1月	2月	3月	4月	5月	6月	8月	9月	18月	2岁	3岁	4岁	5岁	6岁
乙肝疫苗	HepB	1	2					3								
卡介苗	BCG	1														
脊灰灭活疫苗	IPV			1	2											
脊灰减毒活疫苗	bOPV					3								4		
百白破疫苗	DTaP				1	2	3				4					
白破疫苗	DT															5
麻腮风疫苗	MMR								1		2					
乙脑减毒活疫苗	JE-L								1			2				
或乙脑灭活疫苗①	JE-I								1、2			3				4
A群流脑多糖疫苗	MPSV-A							1		2						
A群C群流脑多糖疫苗	MPSV-AC												3			4
甲肝减毒活疫苗	HepA-L										1					
或甲肝灭活疫苗②	HepA-I										1	2				

注：①选择乙脑减毒活疫苗接种时，采用2剂次接种程序。选择乙脑灭活疫苗接种时，采用4剂次接种程序；乙脑灭活疫苗第1、2剂间隔7~10天。

②选择甲肝减毒活疫苗接种时，采用1剂次接种程序。选择甲肝灭活疫苗接种时，采用2剂次接种程序。

附录2　家庭日常备药清单

分类	作用	常用药品
呼吸系统	退热	布洛芬（滴剂、混悬液、口服液、栓剂）、对乙酰氨基酚（滴剂、口服液、栓剂）
	止咳祛痰	沐舒坦（糖浆、口服液）、氨溴特罗（糖浆、口服液）、急支糖浆、小儿肺热咳喘口服液、肺力咳合剂、小儿止咳糖浆、小儿咳喘灵冲剂、儿童清肺口服液、蜜炼川贝枇杷膏（糖浆）、蛇胆川贝液、桔贝合剂口服液
	其他	生理海水喷雾、滴剂
消化系统	腹泻	口服补液盐
	通便	乳果糖口服液
	调整肠道功能	益生菌类药物、艾普米森（西甲硅油）
皮肤用药	保湿	硅霜（二甲硅油乳霜）
	护臀	氧化锌乳膏、鞣酸软膏、紫草油
	抗菌	百多邦（莫匹罗星软膏）
	皮质激素	艾洛松（糠酸莫米松乳膏）、尤卓尔（丁酸氢化可的松乳膏）、地奈德乳膏
	皮肤消毒	75%酒精、碘伏

（续表）

分类	作用	常用药品
抗过敏药	抗过敏	西替利嗪（滴剂、口服液、片剂）、 氯雷他定（口服液、片剂）
外伤	止血	创可贴、云南白药粉
	清洁	纱布、棉签
	皮肤消毒	75%酒精、碘伏
	防治感染	红霉素软膏、百多邦（莫匹罗星软膏）
	缓解烫伤	烫伤膏
维生素类	补充营养素	维生素AD滴剂、维生素D滴剂（口服液）

注意事项：

①儿童用药单独存放，定期清理过期药品。

②留存药品说明书和外包装。

③每一类药只选择一种，避免重复用药。

④应根据儿童年龄选择备用药品。

⑤除非急救并有经训练人员在场，否则不建议自行在家中为儿童进行雾化吸入、肌肉注射或静脉注射用药。

⑥用药后，应根据病情有无缓解等具体情况，决定是否需要就医。

附录3　中国7岁以下儿童生长发育参照标准

（来源：卫生部妇幼保健与社区卫生司二〇〇九年九月）

表1　7岁以下男童身高（长）标准值（cm）

年龄	月龄	−2SD	−1SD	中位	+1SD	+2SD
出生	0	46.9	48.6	50.4	52.2	54.0
	1	50.7	52.7	54.8	56.9	59.0
	2	54.3	56.5	58.7	61.0	63.3
	3	57.5	59.7	62.0	64.3	66.6
	4	60.1	62.3	64.6	66.9	69.3
	5	62.1	64.4	66.7	69.1	71.5
	6	63.7	66.0	68.4	70.8	73.3
	7	65.0	67.4	69.8	72.3	74.8
	8	66.3	68.7	71.2	73.7	76.3
	9	67.6	70.1	72.6	75.2	77.8
	10	68.9	71.4	74.0	76.6	79.3
	11	70.1	72.7	75.3	78.0	80.8
1岁	12	71.2	73.8	76.5	79.3	82.1
	15	74.0	76.9	79.8	82.8	85.8
	18	76.6	79.6	82.7	85.8	89.1
	21	79.1	82.3	85.6	89.0	92.4
2岁	24	81.6	85.1	88.5	92.1	95.8
	27	83.9	87.5	91.1	94.8	98.6
	30	85.9	89.6	93.3	97.1	101.0
	33	88.0	91.6	95.4	99.3	103.2
3岁	36	90.0	93.7	97.5	101.4	105.3
	39	91.2	94.9	98.8	102.7	106.7
	42	93.0	96.7	100.6	104.5	108.6
	45	94.6	98.5	102.4	106.4	110.4
4岁	48	96.3	100.2	104.1	108.2	112.3
	51	97.9	101.9	105.9	110.0	114.2
	54	99.5	103.6	107.7	111.9	116.2
	57	101.1	105.3	109.5	113.8	118.2
5岁	60	102.8	107.0	111.3	115.7	120.1
	63	104.4	108.7	113.0	117.5	122.0
	66	105.9	110.2	114.7	119.2	123.8
	69	107.3	111.7	116.3	120.9	125.6

（续表）

年龄	月龄	−2SD	−1SD	中位	+1SD	+2SD
6岁	72	108.6	113.1	117.7	122.4	127.2
	75	109.8	114.4	119.2	124.0	128.8
	78	111.1	115.8	120.7	125.6	130.5
	81	112.6	117.4	122.3	127.3	132.4

注：

①表中3岁前为身长，3岁及3岁后为身高。

②−1SD≤测量数值≤+1SD：您的宝宝身高属于正常范围，现有身高水平与年龄平均值相当。

−2SD≤测量数值≤−1SD：您的宝宝身高稍低于正常范围，现有身高水平比年龄平均值略低。

+1SD≤测量数值≤+2SD：您的宝宝身高稍高于正常范围，现有身高水平比年龄平均值略高。

测量数值≤−2SD：您的宝宝身高低于正常范围，现有身高水平比年龄平均值低。

测量数值≥+2SD：您的宝宝身高高于正常范围，现有身高水平比年龄平均值高。

表2 7岁以下女童身高（长）标准值（cm）

年龄	月龄	−2SD	−1SD	中位	+1SD	+2SD
出生	0	46.4	48.0	49.7	51.4	53.2
	1	49.8	51.7	53.7	55.7	57.8
	2	53.2	55.3	57.4	59.6	61.8
	3	56.3	58.4	60.6	62.8	65.1
	4	58.8	61.0	63.1	65.4	67.7
	5	60.8	62.9	65.2	67.4	69.8
	6	62.3	64.5	66.8	69.1	71.5
	7	63.6	65.9	68.2	70.6	73.1
	8	64.8	67.2	69.6	72.1	74.7
	9	66.1	68.5	71.0	73.6	76.2
	10	67.3	69.8	72.4	75.0	77.7
	11	68.6	71.1	73.7	76.4	79.2
1岁	12	69.7	72.3	75.0	77.7	80.5
	15	72.9	75.6	78.5	81.4	84.3
	18	75.6	78.5	81.5	84.6	87.7
	21	78.1	81.2	84.4	87.7	91.1
2岁	24	80.5	83.8	87.2	90.7	94.3
	27	82.7	86.2	89.8	93.5	97.3
	30	84.8	88.4	92.1	95.9	99.8
	33	86.9	90.5	94.3	98.1	102.0
3岁	36	88.9	92.5	96.3	100.1	104.1
	39	90.1	93.8	97.5	101.4	105.4
	42	91.9	95.6	99.4	103.3	107.2
	45	93.7	97.4	101.2	105.1	109.2
4岁	48	95.4	99.2	103.1	107.0	111.1
	51	97.0	100.9	104.9	109.0	113.1
	54	98.7	102.7	106.7	110.9	115.2
	57	100.3	104.4	108.5	112.8	117.1
5岁	60	101.8	106.0	110.2	114.5	118.9
	63	103.4	107.6	111.9	116.2	120.7
	66	104.9	109.2	113.5	118.0	122.6
	69	106.3	110.7	115.2	119.7	124.4

（续表）

年龄	月龄	−2SD	−1SD	中位	+1SD	+2SD
6岁	72	107.6	112.0	116.6	121.2	126.0
	75	108.8	113.4	118.0	122.7	127.6
	78	110.1	114.7	119.4	124.3	129.2
	81	111.4	116.1	121.0	125.9	130.9

注：

①表中3岁前为身长，3岁及3岁后为身高。

②−1SD≤测量数值≤+1SD：您的宝宝身高属于正常范围，现有身高水平与年龄平均值相当。

−2SD≤测量数值≤−1SD：您的宝宝身高稍低于正常范围，现有身高水平比年龄平均值略低。

+1SD≤测量数值≤+2SD：您的宝宝身高稍高于正常范围，现有身高水平比年龄平均值略高。

测量数值≤−2SD：您的宝宝身高低于正常范围，现有身高水平比年龄平均值低。

测量数值≥+2SD：您的宝宝身高高于正常范围，现有身高水平比年龄平均值高。

表3　7岁以下男童体重标准值（kg）

年龄	月龄	−2SD	−1SD	中位	+1SD	+2SD
出生	0	2.58	2.93	3.32	3.73	4.18
	1	3.52	3.99	4.51	5.07	5.67
	2	4.47	5.05	5.68	6.38	7.14
	3	5.29	5.97	6.70	7.51	8.40
	4	5.91	6.64	7.45	8.34	9.32
	5	6.36	7.14	8.00	8.95	9.99
	6	6.70	7.51	8.41	9.41	10.50
	7	6.99	7.83	8.76	9.79	10.93
	8	7.23	8.09	9.05	10.11	11.29
	9	7.46	8.35	9.33	10.42	11.64
	10	7.67	8.58	9.58	10.71	11.95
	11	7.87	8.80	9.83	10.98	12.26
1岁	12	8.06	9.00	10.05	11.23	12.54
	15	8.57	9.57	10.68	11.93	13.32
	18	9.07	10.12	11.29	12.61	14.09
	21	9.59	10.69	11.93	13.33	14.90
2岁	24	10.09	11.24	12.54	14.01	15.67
	27	10.54	11.75	13.11	14.64	16.38
	30	10.97	12.22	13.64	15.24	17.06
	33	11.39	12.68	14.15	15.82	17.72
3岁	36	11.79	13.13	14.65	16.39	18.37
	39	12.19	13.57	15.15	16.95	19.02
	42	12.57	14.00	15.63	17.50	19.65
	45	12.96	14.44	16.13	18.07	20.32
4岁	48	13.35	14.88	16.64	18.67	21.01
	51	13.76	15.35	17.18	19.30	21.76
	54	14.18	15.84	17.75	19.98	22.57
	57	14.61	16.34	18.35	20.69	23.43
5岁	60	15.06	16.87	18.98	21.46	24.38
	63	15.48	17.38	19.60	22.21	25.32
	66	15.87	17.85	20.18	22.94	26.24
	69	16.24	18.31	20.75	23.66	27.17

（续表）

年龄	月龄	−2SD	−1SD	中位	+1SD	+2SD
6岁	72	16.56	18.71	21.26	24.32	28.03
	75	16.90	19.14	21.82	25.06	29.01
	78	17.27	19.62	22.45	25.89	30.13
	81	17.73	20.22	23.24	26.95	31.56

注：

−1SD≤测量数值≤+1SD：您的宝宝体重属于正常范围，现有体重水平与年龄平均值相当。

−2SD≤测量数值≤−1SD：您的宝宝体重稍低于正常范围，现有体重水平比年龄平均值略低。

+1SD≤测量数值≤+2SD：您的宝宝体重稍高于正常范围，现有体重水平比年龄平均值略高。

测量数值≤−2SD：您的宝宝体重低于正常范围，现有体重水平比年龄平均值低。

测量数值≥+2SD：您的宝宝体重高于正常范围，现有体重水平比年龄平均值高。

表4 7岁以下女童体重标准值（kg）

年龄	月龄	−2SD	−1SD	中位	+1SD	+2SD
出生	0	2.54	2.85	3.21	3.63	4.10
	1	3.33	3.74	4.20	4.74	5.35
	2	4.15	4.65	5.21	5.86	6.60
	3	4.90	5.47	6.13	6.87	7.73
	4	5.48	6.11	6.83	7.65	8.59
	5	5.92	6.59	7.36	8.23	9.23
	6	6.26	6.96	7.77	8.68	9.73
	7	6.55	7.28	8.11	9.06	10.15
	8	6.79	7.55	8.41	9.39	10.51
	9	7.03	7.81	8.69	9.70	10.86
	10	7.23	8.03	8.94	9.98	11.16
	11	7.43	8.25	9.18	10.24	11.46
1岁	12	7.61	8.45	9.40	10.48	11.73
	15	8.12	9.01	10.02	11.18	12.50
	18	8.63	9.57	10.65	11.88	13.29
	21	9.15	10.15	11.30	12.61	14.12
2岁	24	9.64	10.70	11.92	13.31	14.92
	27	10.09	11.21	12.50	13.97	15.67
	30	10.52	11.70	13.05	14.60	16.39
	33	10.94	12.18	13.59	15.22	17.11
3岁	36	11.36	12.65	14.13	15.83	17.81
	39	11.77	13.11	14.65	16.43	18.50
	42	12.16	13.55	15.16	17.01	19.17
	45	12.55	14.00	15.67	17.60	19.85
4岁	48	12.93	14.44	16.17	18.19	20.54
	51	13.32	14.88	16.69	18.79	21.25
	54	13.71	15.33	17.22	19.42	22.00
	57	14.08	15.78	17.75	20.05	22.75
5岁	60	14.44	16.20	18.26	20.66	23.50
	63	14.80	16.64	18.78	21.30	24.28
	66	15.18	17.09	19.33	21.98	25.12
	69	15.54	17.53	19.88	22.65	25.96

（续表）

年龄	月龄	−2SD	−1SD	中位	+1SD	+2SD
6岁	72	15.87	17.94	20.37	23.27	26.74
	75	16.21	18.35	20.89	23.92	27.57
	78	16.55	18.78	21.44	24.61	28.46
	81	16.92	19.25	22.03	25.37	29.42

注：

−1SD≤测量数值≤+1SD：您的宝宝体重属于正常范围，现有体重水平与年龄平均值相当。

−2SD≤测量数值≤−1SD：您的宝宝体重稍低于正常范围，现有体重水平比年龄平均值略低。

+1SD≤测量数值≤+2SD：您的宝宝体重稍高于正常范围，现有体重水平比年龄平均值略高。

测量数值≤−2SD：您的宝宝体重低于正常范围，现有体重水平比年龄平均值低。

测量数值≥+2SD：您的宝宝体重高于正常范围，现有体重水平比年龄平均值高。

表5 7岁以下男童头围标准值(cm)

年龄	月龄	−2SD	−1SD	中位	+1SD	+2SD
出生	0	32.1	33.3	34.5	35.7	36.8
	1	34.5	35.7	36.9	38.2	39.4
	2	36.4	37.6	38.9	40.2	41.5
	3	37.9	39.2	40.5	41.8	43.2
	4	39.2	40.4	41.7	43.1	44.5
	5	40.2	41.5	42.7	44.1	45.5
	6	41.0	42.3	43.6	44.9	46.3
	7	41.7	42.9	44.2	45.5	46.9
	8	42.2	43.5	44.8	46.1	47.5
	9	42.7	44.0	45.3	46.6	48.0
	10	43.1	44.4	45.7	47.0	48.4
	11	43.5	44.8	46.1	47.4	48.8
1岁	12	43.8	45.1	46.4	47.7	49.1
	15	44.5	45.7	47.0	48.4	49.7
	18	45.0	46.3	47.6	48.9	50.2
	21	45.5	46.7	48.0	49.4	50.7
2岁	24	45.9	47.1	48.4	49.8	51.1
	27	46.2	47.5	48.8	50.1	51.4
	30	46.5	47.8	49.1	50.4	51.7
	33	46.8	48.0	49.3	50.6	52.0
3岁	36	47.0	48.3	49.6	50.9	52.2
	42	47.4	48.7	49.9	51.3	52.6
4岁	48	47.8	49.0	50.3	51.6	52.9
	54	48.1	49.4	50.6	51.9	53.2
5岁	60	48.4	49.7	51.0	52.2	53.6
	66	48.7	50.0	51.3	52.5	53.8
6岁	72	49.0	50.2	51.5	52.8	54.1

注:

−1SD≤测量数值≤+1SD:您的宝宝头围属于正常范围,现有头围值与年龄平均值相当。

−2SD≤测量数值≤−1SD:您的宝宝头围值稍低于正常范围,现有头围值比年龄平均值略低。

+1SD≤测量数值≤+2SD:您的宝宝头围值稍高于正常范围,现有头围值比年龄平均值略高。

测量数值≤−2SD:您的宝宝头围值低于正常范围,现有头围值比年龄平均值低。

测量数值≥+2SD:您的宝宝头围值高于正常范围,现有头围值比年龄平均值高。

表6 7岁以下女童头围标准值（cm）

年龄	月龄	−2SD	−1SD	中位	+1SD	+2SD
出生	0	31.6	32.8	34.0	35.2	36.4
	1	33.8	35.0	36.2	37.4	38.6
	2	35.6	36.8	38.0	39.3	40.5
	3	37.1	38.3	39.5	40.8	42.1
	4	38.3	39.5	40.7	41.9	43.3
	5	39.2	40.4	41.6	42.9	44.3
	6	40.0	41.2	42.4	43.7	45.1
	7	40.7	41.8	43.1	44.4	45.7
	8	41.2	42.4	43.6	44.9	46.3
	9	41.7	42.9	44.1	45.4	46.8
	10	42.1	43.3	44.5	45.8	47.2
	11	42.4	43.6	44.9	46.2	47.5
1岁	12	42.7	43.9	45.1	46.5	47.8
	15	43.4	44.6	45.8	47.2	48.5
	18	43.9	45.1	46.4	47.7	49.1
	21	44.4	45.6	46.9	48.2	49.6
2岁	24	44.8	46.0	47.3	48.6	50.0
	27	45.2	46.4	47.7	49.0	50.3
	30	45.5	46.7	48.0	49.3	50.7
	33	45.8	47.0	48.3	49.6	50.9
3岁	36	46.0	47.3	48.5	49.8	51.2
	42	46.5	47.7	49.0	50.3	51.6
4岁	48	46.9	48.1	49.4	50.6	52.0
	54	47.2	48.4	49.7	51.0	52.3
5岁	60	47.5	48.7	50.0	51.3	52.6
	66	47.8	49.0	50.3	51.5	52.8
6岁	72	48.0	49.2	50.5	51.8	53.1

注:

−1SD≤测量数值≤+1SD: 您的宝宝头围属于正常范围，现有头围值与年龄平均值相当。

−2SD≤测量数值≤−1SD: 您的宝宝头围值稍低于正常范围，现有头围值比年龄平均值略低。

+1SD≤测量数值≤+2SD: 您的宝宝头围值稍高于正常范围，现有头围值比年龄平均值略高。

测量数值≤−2SD: 您的宝宝头围值低于正常范围，现有头围值比年龄平均值低。

测量数值≥+2SD: 您的宝宝头围值高于正常范围，现有头围值比年龄平均值高。

表7 46~110cm身长的体重标准值（男）

身长(cm)	体重(kg)				
	−2SD	−1SD	中位	+1SD	+2SD
46	1.99	2.19	2.41	2.65	2.91
48	2.34	2.58	2.84	3.12	3.42
50	2.68	2.95	3.25	3.57	3.91
52	3.06	3.37	3.71	4.07	4.47
54	3.51	3.87	4.25	4.67	5.12
56	4.02	4.41	4.85	5.32	5.84
58	4.53	4.97	5.46	5.99	6.57
60	5.05	5.53	6.06	6.65	7.30
62	5.56	6.08	6.66	7.30	8.00
64	6.05	6.60	7.22	7.91	8.67
66	6.50	7.09	7.74	8.47	9.28
68	6.93	7.55	8.23	9.00	9.85
70	7.34	7.98	8.69	9.49	10.38
72	7.72	8.38	9.12	9.94	10.88
74	8.08	8.76	9.52	10.38	11.34
76	8.43	9.13	9.91	10.80	11.80
78	8.78	9.50	10.31	11.22	12.25
80	9.15	9.88	10.71	11.64	12.70
82	9.52	10.27	11.12	12.08	13.17
84	9.90	10.66	11.53	12.52	13.64
86	10.28	11.07	11.96	12.97	14.13
88	10.68	11.48	12.39	13.43	14.62
90	11.08	11.90	12.83	13.90	15.12
92	11.48	12.33	13.28	14.37	15.63
94	11.90	12.77	13.75	14.87	16.16
96	12.34	13.22	14.23	15.38	16.72
98	12.79	13.70	14.74	15.93	17.32
100	13.26	14.20	15.27	16.51	17.96
102	13.75	14.72	15.83	17.12	18.64
104	14.24	15.25	16.41	17.77	19.37
106	14.74	15.79	17.01	18.45	20.15
108	15.24	16.34	17.63	19.15	20.97
110	15.74	16.91	18.27	19.89	21.85

注：

−1SD≤测量数值≤+1SD：宝宝的体重与现有身高水平相当，发育正常，食欲正常，注意合理饮食。

−2SD≤测量数值≤−1SD：宝宝稍稍偏瘦，请注意均衡营养，合理饮食。

+1SD≤测量数值≤+2SD：宝宝体重稍稍偏重，请注意均衡营养，合理饮食。

测量数值≤−2SD：您的宝宝偏瘦，请注意合理饮食，加强营养，防止宝宝过瘦。

测量数值≥+2SD：您的宝宝偏胖，请注意合理饮食，防止宝宝过胖。

表8 80~140cm身高的体重标准值（男）

身长(cm)	体重(kg)				
	−2SD	−1SD	中位	+1SD	+2SD
80	9.27	10.02	10.85	11.79	12.87
82	9.65	10.41	11.26	12.23	13.34
84	10.03	10.81	11.68	12.68	13.81
86	10.42	11.21	12.11	13.13	14.30
88	10.81	11.63	12.54	13.59	14.79
90	11.22	12.05	12.99	14.06	15.30
92	11.63	12.48	13.44	14.54	15.82
94	12.05	12.92	13.91	15.05	16.36
96	12.50	13.39	14.40	15.57	16.93
98	12.95	13.87	14.92	16.13	17.54
100	13.43	14.38	15.46	16.72	18.19
102	13.92	14.90	16.03	17.35	18.89
104	14.41	15.44	16.62	18.00	19.64
106	14.91	15.98	17.23	18.69	20.43
108	15.41	16.54	17.85	19.41	21.27
110	15.92	17.11	18.50	20.16	22.18
112	16.45	17.70	19.19	20.97	23.15
114	16.99	18.32	19.90	21.83	24.21
116	17.54	18.95	20.66	22.74	25.36
118	18.10	19.62	21.45	23.72	26.62
120	18.69	20.31	22.30	24.78	27.99
122	19.31	21.05	23.19	25.91	29.50
124	19.95	21.81	24.14	27.14	31.15
126	20.61	22.62	25.15	28.45	32.96
128	21.31	23.47	26.22	29.85	34.92
130	22.05	24.37	27.35	31.34	37.01
132	22.83	25.32	28.55	32.91	39.21
134	23.65	26.32	29.80	34.55	41.48
136	24.51	27.36	31.09	36.23	43.78
138	25.40	28.44	32.44	37.95	46.11
140	26.33	29.57	33.82	39.71	48.46

注：

−1SD≤测量数值≤+1SD：宝宝的体重与现有身高水平相当，发育正常，食欲正常，注意合理饮食。

−2SD≤测量数值≤−1SD：宝宝稍稍偏瘦，请注意均衡营养，合理饮食。

+1SD≤测量数值≤+2SD：宝宝体重稍稍偏重，请注意均衡营养，合理饮食。

测量数值≤−2SD：您的宝宝偏瘦，请注意合理饮食，加强营养，防止宝宝过瘦。

测量数值≥+2SD：您的宝宝偏胖，请注意合理饮食，防止宝宝过胖。

表9 46~110cm身长的体重标准值(女)

身长(cm)	体重(kg)				
	−2SD	−1SD	中位	+1SD	+2SD
46	2.07	2.28	2.52	2.79	3.09
48	2.39	2.63	2.90	3.20	3.54
50	2.72	2.99	3.29	3.63	4.01
52	3.11	3.41	3.75	4.13	4.56
54	3.56	3.89	4.27	4.70	5.18
56	4.02	4.39	4.81	5.29	5.82
58	4.50	4.91	5.37	5.88	6.47
60	4.99	5.43	5.93	6.49	7.13
62	5.48	5.95	6.49	7.09	7.77
64	5.94	6.44	7.01	7.65	8.38
66	6.37	6.91	7.51	8.18	8.95
68	6.78	7.34	7.97	8.68	9.49
70	7.16	7.75	8.41	9.15	9.99
72	7.52	8.13	8.82	9.59	10.46
74	7.87	8.49	9.20	10.00	10.91
76	8.20	8.85	9.58	10.40	11.34
78	8.53	9.20	9.95	10.80	11.77
80	8.88	9.57	10.34	11.22	12.22
82	9.23	9.94	10.74	11.65	12.69
84	9.60	10.33	11.16	12.10	13.16
86	9.98	10.73	11.58	12.55	13.66
88	10.37	11.15	12.03	13.03	14.18
90	10.78	11.58	12.50	13.54	14.73
92	11.20	12.04	12.98	14.06	15.31
94	11.64	12.51	13.49	14.62	15.91
96	12.10	12.99	14.02	15.19	16.54
98	12.55	13.49	14.55	15.77	17.19
100	13.01	13.98	15.09	16.37	17.86
102	13.47	14.48	15.64	16.98	18.55
104	13.93	14.98	16.20	17.61	19.26
106	14.39	15.49	16.77	18.25	20.00
108	14.86	16.02	17.36	18.92	20.78
110	15.34	16.55	17.96	19.62	21.60

注:

−1SD≤测量数值≤+1SD: 宝宝的体重与现有身高水平相当，发育正常，食欲正常，注意合理饮食。

−2SD≤测量数值≤−1SD: 宝宝稍稍偏瘦，请注意均衡营养，合理饮食。

+1SD≤测量数值≤+2SD: 宝宝体重稍稍偏重，请注意均衡营养，合理饮食。

测量数值≤−2SD: 您的宝宝偏瘦，请注意合理饮食，加强营养，防止宝宝过瘦。

测量数值≥+2SD: 您的宝宝偏胖，请注意合理饮食，防止宝宝过胖。

表10 80~140cm身高的体重标准值(女)

身长(cm)	体重(kg)				
	−2SD	−1SD	中位	+1SD	+2SD
80	9.00	9.70	10.48	11.37	12.38
82	9.36	10.08	10.89	11.81	12.85
84	9.73	10.47	11.31	12.25	13.34
86	10.11	10.87	11.74	12.72	13.84
88	10.51	11.30	12.19	13.20	14.37
90	10.92	11.74	12.66	13.72	14.93
92	11.36	12.20	13.16	14.26	15.51
94	11.80	12.68	13.67	14.81	16.13
96	12.26	13.17	14.20	15.39	16.76
98	12.71	13.66	14.74	15.98	17.42
100	13.17	14.16	15.28	16.58	18.10
102	13.63	14.66	15.83	17.20	18.79
104	14.09	15.16	16.39	17.83	19.51
106	14.56	15.68	16.97	18.48	20.27
108	15.03	16.20	17.56	19.16	21.06
110	15.51	16.74	18.18	19.87	21.90
112	16.01	17.31	18.82	20.62	22.79
114	16.53	17.89	19.50	21.41	23.74
116	17.07	18.50	20.20	22.25	24.76
118	17.62	19.13	20.94	23.13	25.84
120	18.20	19.79	21.71	24.05	26.99
122	18.80	20.49	22.52	25.03	28.21
124	19.43	21.20	23.36	26.06	29.52
126	20.07	21.94	24.24	27.13	30.90
128	20.72	22.70	25.15	28.26	32.39
130	21.40	23.49	26.10	29.47	33.99
132	22.11	24.33	27.11	30.75	35.72
134	22.86	25.21	28.19	32.12	37.60
136	23.65	26.14	29.33	33.59	39.61
138	24.50	27.14	30.55	35.14	41.74
140	25.39	28.19	31.83	36.77	43.93

注:

−1SD≤测量数值≤+1SD: 宝宝的体重与现有身高水平相当,发育正常,食欲正常,注意合理饮食。

−2SD≤测量数值≤−1SD: 宝宝稍稍偏瘦,请注意均衡营养,合理饮食。

+1SD≤测量数值≤+2SD: 宝宝体重稍稍偏重,请注意均衡营养,合理饮食。

测量数值≤−2SD: 您的宝宝偏瘦,请注意合理饮食,加强营养,防止宝宝过瘦。

测量数值≥+2SD: 您的宝宝偏胖,请注意合理饮食,防止宝宝过胖。